JN097865

薬学生のための基礎シリーズ

2

集委員長 入村達郎

微分積分

［改訂版］

本間 浩 編

高遠節夫・伊藤真吾・金子真隆・丹羽典朗 共著

培風館

「薬学生のための基礎シリーズ」に寄せて

　平成 18 年度から，全国の薬系大学・薬学部に 6 年制の新薬学教育課程が導入され，「薬学教育モデル・コアカリキュラム」に基づいた教育プログラムがスタートしました．新しい薬学教育プログラムを履修した卒業生や薬剤師は，論理的な思考力や幅広い視野に基づいた応用力，的確なプレゼンテーション能力などを習得し，多様化し高度化した医療の世界や関連する分野で，それらの能力を十二分に発揮することが期待されています．実際，長期実務実習のための共用試験や新薬剤師国家試験では，カリキュラム内容の十分な習得と柔軟な総合的応用力が試されるといわれています．

　一方で，高等学校の教育内容が，学習指導要領の改訂や大学入学試験の多様化などの影響を受けた結果，近年の大学新入生の学力が従前と比べて低下し，同時に大きな個人差が生まれたと指摘されています．実際，最近の薬系大学・薬学部でも授業内容を十分に習得できないまま行き詰まる例が少なくありません．さまざまな領域の学問では，1 つ 1 つ基礎からの理解を積み重ねていくことが何より大切であり，薬学も例外ではありません．

　本教科書シリーズは，薬系大学・薬学部の 1，2 年生を対象として，高等学校の学習内容の復習・確認とともに，薬学基礎科目のしっかりとした習得と専門科目への準備・橋渡しを支援するために編集されたものです．記述は，できるだけ平易で理解しやすいものとし，理解を助けるために多くの図を用い，適宜に例題や演習問題が配置され，勉学意欲を高められるよう工夫されています．本シリーズが活用され，基礎学力をしっかりと身につけ，期待される能力を備えて社会で活躍する薬学卒業生や薬剤師が育っていくことを願ってやみません．

　最後に，シリーズ発刊にあたってたいへんお世話になった，培風館および関係者の方々に感謝いたします．

　2010 年 10 月

編集委員会

ま え が き

2010 年に本書の初版が刊行されてから，10 年近くが経過した．この間，本書を利用されている先生方から一定の評価をいただけたことは，著者にとって望外の喜びである．同時に，寄せられた多くの貴重なご意見を活かして，より使いやすい教科書にしたいと考えていた．幸いにもこの度も，培風館からお誘いがあり，新しい著者も加えて内容を大きく改訂することとした．

本書の基本的な編集方針は初版と同様である．すなわち，2006 年度に薬学部 6 年制課程がスタートしてから，薬学教育を巡る状況は大きく変わっているが，薬学を学ぶ基礎としての数学の重要性は失われていない．薬学の多くの分野では，数学を用いて現象を記述して解析を行う．特に時間とともに変化する現象には，いろいろな関数についての知識が不可欠であり，その解析には微分積分に習熟している必要がある．微分積分は，17 世紀の後半にニュートンやライプニッツによって作られたが，その後多くの数学者の力を得て大きく発展しながら，現在に至るまで，一貫して自然科学現象の主要な解析手法として用いられてきた．

本書は，高等学校までに学んだ数学の内容を前提として，薬学に必要な微分積分についての一通りの知識と技能を得ることを目的としている．ただし，現行の学習指導要領および大学入試制度の影響で高等学校での数学の学習内容が多様化したため，薬学部に入学する学生の数学の知識量や学力に差が広がっている．特に数学 Ⅲ については，履修していない学生も多い．このことを考慮して，数学 Ⅲ で学ぶ内容については必ずしも前提とせず，いろいろな関数についても高等学校の復習も加えながら，できるだけ平易に記述することを心がけた．また，本文では，内容の理解に役立つ図やグラフを多く用い，十分な例題と問を配して理解と応用力を深められるようにした．

具体的な改訂の要点は次の通りである．

(1) 高等学校でベクトルを履修しない学生が出てくること，行列の初歩については通常の講義で取り上げたいと考えている先生もおられることを考慮して，「ベクトルと行列」の章を設けることにした．

(2) 学習内容を理解してもらうことに重点をおき，本文中の問と章末問題 A を基本的な問題にした．

(3) 各章の発展的な内容や計算力を要する問題は，章末の補説や章末問題 B に移動した．なお，章末問題 B には本文からは外した一部の事項の説明を例題の形で補ったものもある．

(4) 媒介変数表示の関数と逆三角関数については，補章で解説する．

(5) 補充教材のホームページ

http://www.baifukan.co.jp/shoseki/kanren.html

　を開設して，今回の改訂で削除せざるを得なかった「片対数グラフ」など
の解説を印刷用またはスライド用の PDF 教材として掲載した．さらに本
書に関連するインタラクティブな HTML 教材をアップすることにした．

　これらの方針と改訂の要点を踏まえて，本書の章立てを次のように定めた．

　　　1 章　　関数
　　　2 章　　微分法
　　　3 章　　積分法
　　　4 章　　関数の展開
　　　5 章　　微分方程式
　　　6 章　　ベクトルと行列
　　　7 章　　偏微分
　　　8 章　　重積分
　　　補章　　媒介変数表示の関数，逆三角関数

　各章の内容と学習のポイントを以下に簡単に述べる．1 章では，薬学でよく
用いられる三角関数，指数・対数関数を中心に，いろいろな関数の性質や公式
をまとめた．内容のほとんどは高等学校で学んでいるので省略してもよいが，
不安であれば高等学校の教科書などを参照しながら，一通り復習することが望
ましい．それぞれの公式については，先に進んでから，確認のために適宜見直
すこともできるようにしてある．2 章の微分と 3 章の積分は，数学 III と重複す
る内容が多いが，高等学校では扱わない内容も含まれている．特に，「微分積分
学の基本定理」は微分積分で最も重要な定理である．4 章では，関数の多項式
による近似と，その極限としての関数の展開を扱う．5 章では，微分方程式の
意味と解法を扱う．微分方程式は薬学における応用例が多く，これから薬学を
学ぶうえで必須である．5.5 節では薬学における微分方程式の応用例をいくつ
か取り上げた．6 章は「ベクトルと行列」として，ベクトルと行列の基礎を解
説した．7 章では 2 変数関数についての微分，8 章では 2 重積分を扱う．これ
らは，2 つ以上の要因から値が定まる現象の解析に用いられる．

　終わりに，東邦大学薬学部の宮内正二教授から薬学への応用例について貴重
なアドバイスをいただいた．同教授には深く感謝の意を表する．

　　　2020 年 3 月

著者しるす

目　　次

1

関　　数

1.1　関数とグラフ

　2つの変数 x, y があって，x の値を決めると，それに対応して y の値が1つ決まるとき，y は x の**関数**であるといい，$y = f(x)$ または単に $f(x)$ のように表す．このとき，x を**独立変数**，y を**従属変数**という．変数のとる値の範囲を**変域**といい，独立変数の変域を**定義域**，従属変数の変域を**値域**という．特に断らない限り，定義域は y の値が定まるような x の値全体とする．

x から *y* への対応の規則を関数ということもある

例 1.1　$f(x) = (x-1)^2 - 2$, $g(x) = \sqrt{x}$ のとき，関数 $y = f(x)$ の定義域はすべての実数で，値域は $y \geqq -2$ である．また，関数 $y = g(x)$ の定義域は $x \geqq 0$ で，値域は $y \geqq 0$ である．

問 1.1　次の関数について，定義域と値域を求めよ．

(1) $y = x^2 + 2$　　　　　　(2) $y = \sqrt{x} + 2$　　　　　　(3) $y = -\sqrt{x} + 1$

　関数 $f(x)$ があるとき，変数 x に値 a を代入して得られる値を $f(a)$ と書く．例えば，$f(x) = x^2 - 2x$ のとき

$$f(1) = 1^2 - 2 = -1$$

$$f(a+1) = (a+1)^2 - 2(a+1) = a^2 - 1$$

$$f(-\sqrt{a}) = (-\sqrt{a})^2 - 2(-\sqrt{a}) = a + 2\sqrt{a}$$

である．

問 1.2　例 1.1 の $f(x)$, $g(x)$ と正の定数 a について，次を求めよ．

(1) $f(2)$　　　　　　　　(2) $f(a-1)$　　　　　　(3) $g(a^2) - g(1)$

1

　関数 $y = f(x)$ の定義域に属する点 x をとる
とき，$(x, f(x))$ は座標平面上の点であり，これ
らの点の全体は一般に 1 つの曲線になる．これ
を関数 $y = f(x)$ の**グラフ**という．また，このグ
ラフを曲線 $y = f(x)$ ということもある．

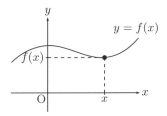

例 1.2　下の図は例 1.1 の関数 $y = f(x)$，$y = g(x)$ のグラフである．

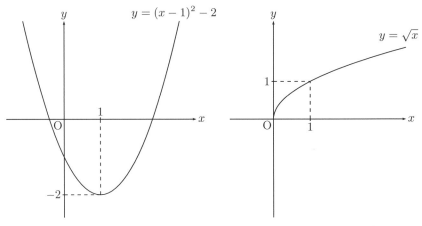

　$y = (x-1)^2 - 2$ のグラフは，$y = x^2$ のグラフを x 方向に 1，y 方向に -2 平
行移動したものである．一般に，$y = f(x)$ のグラフを x 方向に p，y 方向に q
平行移動すると，次の関数のグラフになる．

$$y = f(x - p) + q$$

　$y = \dfrac{1}{x}$ のグラフ上の点は，x が
原点から限りなく遠ざかるとき，
x 軸すなわち直線 $y = 0$ に近づ
く．また原点に限りなく近づくと
き，y 軸すなわち直線 $x = 0$ に限
りなく近づく．このような直線を
漸近線という．

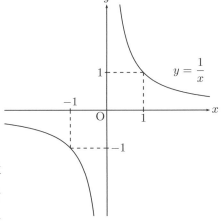

問 1.3　次の関数のグラフは，関数
$y = \dfrac{1}{x}$ のグラフをどのように平行
移動したものか．また，漸近線の方
程式を求めよ．

(1) $y = \dfrac{1}{x} + 1$ 　　　　　　　　　　　　(2) $y = \dfrac{1}{x - 2}$

1.2 三 角 関 数

本節では，高等学校で学んだ三角関数について，その定義と性質を復習する．三角関数は周期的な現象を表すのによく用いられる．三角関数に関する多くの公式があるが，ここでは，本書で用いられるものを説明する．

1.2.1 弧 度 法

点 O を中心とする半径 r の円周上に，r と等しい長さの弧をとる．このとき，この弧に対する中心角を 1 ラジアン (**弧度**) と定め，これを単位として角を表す方法を**弧度法**という．半径 r の円周上にある長さ l の弧に対する角を θ ラジアンとすると，弧の長さは中心角に比例するから

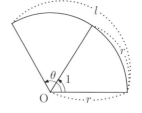

$$\theta : 1 = l : r$$

したがって

$$\theta = \frac{l}{r} \tag{1.1}$$

が成り立つ．すなわち，θ は弧の長さ l と半径 r の比の値である．このことから，弧度法では，通常ラジアンを省略して表す．

例 1.3 円周の長さは $2\pi r$ だから，$360° = \dfrac{2\pi r}{r} = 2\pi$ (ラジアン)

$$180° = \pi, \quad 90° = \frac{\pi}{2}, \quad 30° = \frac{\pi}{6}$$

注 $\alpha° = \theta$ (ラジアン) とすると，比例関係 $\dfrac{\alpha}{180} = \dfrac{\theta}{\pi}$ より，次の換算式が得られる．

$$\theta = \frac{\pi}{180}\alpha, \quad \alpha = \frac{180}{\pi}\theta$$

問 1.4 次の角について，°とラジアンを変換せよ．

(1) $60°$ (2) $120°$ (3) $-180°$ (4) $\dfrac{\pi}{4}$ (5) $\dfrac{\pi}{10}$ (6) 1

半径 r，中心角 θ (ラジアン) の扇形の弧の長さを l とすると，(1.1) より

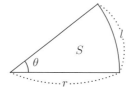

$$l = r\theta \tag{1.2}$$

また，面積は中心角に比例するから

$$\pi r^2 : S = 2\pi : \theta \quad すなわち \quad 2\pi S = \pi r^2 \theta$$

これから，次の公式が得られる．

$$S = \frac{1}{2}r^2\theta \tag{1.3}$$

本書では，特に断らない限り，弧度法を用いることにする．

1.2.2　三角関数の定義と性質

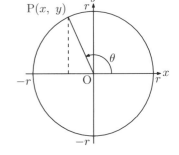

　原点 O を中心とする半径 r の円をかく．その円周上に，最初の位置が $(r, 0)$ である動点 P をとり，線分 OP を角 θ だけ回転したときの P の座標を P(x, y) とする．このとき

$$\sin\theta = \frac{y}{r}, \quad \cos\theta = \frac{x}{r}, \quad \tan\theta = \frac{y}{x} \quad (1.4)$$

と定義する．

　　注　P が y 軸上にあるときは，$x = 0$ となるから $\tan\theta$ の値は
　　　　定義されない．

　　注　半径 r が 1 の円すなわち**単位円**の場合は次のようになる．

$$\sin\theta = y, \quad \cos\theta = x$$

問 1.5　θ について，$\sin\theta$, $\cos\theta$, $\tan\theta$ の値を求めよ．

(1) $\theta = \dfrac{\pi}{4}$　　　　　　　(2) $\theta = \dfrac{\pi}{2}$　　　　　　　(3) $\theta = \dfrac{2\pi}{3}$

(4) $\theta = \pi$　　　　　　　(5) $\theta = \dfrac{7\pi}{6}$　　　　　　　(6) $\theta = -\dfrac{\pi}{2}$

　三角関数について，以下の公式が成り立つ．

公式 1.1 (相互関係) ───────────────────────────

　　(1) $\tan\theta = \dfrac{\sin\theta}{\cos\theta}$　　　(2) $\sin^2\theta + \cos^2\theta = 1$　　　(3) $1 + \tan^2\theta = \dfrac{1}{\cos^2\theta}$

問 1.6　$\tan\theta = 2$ のとき，$\cos^2\theta$, $\sin^2\theta$ を求めよ．

　$-\theta$ と θ の三角関数について，次の関係が成り立つ．

公式 1.2 ($-\theta$ と θ の三角関数) ───────────────────

$$\sin(-\theta) = -\sin\theta$$

$$\cos(-\theta) = \cos\theta$$

$$\tan(-\theta) = -\tan\theta$$

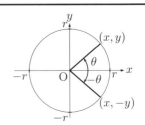

2つの角 α, β について，次の**加法定理**が成り立つ.

公式 1.3 (加法定理) ━━━━━━━━━━━━━━━━━━━━━

$$\sin(\alpha \pm \beta) = \sin\alpha\cos\beta \pm \cos\alpha\sin\beta \qquad (複号同順)$$

$$\cos(\alpha \pm \beta) = \cos\alpha\cos\beta \mp \sin\alpha\sin\beta \qquad (複号同順)$$

$$\tan(\alpha \pm \beta) = \frac{\tan\alpha \pm \tan\beta}{1 \mp \tan\alpha\tan\beta} \qquad (複号同順)$$

━━━━━━━━━━━━━━━━━━━━━━━━━━━━━━━━━━━━━

[例題 1.1]

$\dfrac{7}{12}\pi = \dfrac{1}{3}\pi + \dfrac{1}{4}\pi$ であることを用いて，$\cos\dfrac{7}{12}\pi$ の値を求めよ.

[解] 加法定理より

$$\cos\frac{7}{12}\pi = \cos\frac{1}{3}\pi \cdot \cos\frac{1}{4}\pi - \sin\frac{1}{3}\pi \cdot \sin\frac{1}{4}\pi$$
$$= \frac{1}{2} \cdot \frac{1}{\sqrt{2}} - \frac{\sqrt{3}}{2} \cdot \frac{1}{\sqrt{2}} = \frac{\sqrt{2}}{4} - \frac{\sqrt{6}}{4} = \frac{\sqrt{2} - \sqrt{6}}{4} \qquad \Box$$

問 1.7 $\dfrac{1}{12}\pi = \dfrac{1}{3}\pi - \dfrac{1}{4}\pi$ であることを用いて，$\sin\dfrac{1}{12}\pi$ の値を求めよ.

[例題 1.2]

加法定理を用いて，次の公式を示せ.

$$\sin(\theta + \pi) = -\sin\theta$$
$$\cos(\theta + \pi) = -\cos\theta$$

[解] $\sin\pi = 0$, $\cos\pi = -1$ を用いる.

$$\sin(\theta + \pi) = \sin\theta\cos\pi + \cos\theta\sin\pi = \sin\theta \cdot (-1) = -\sin\theta$$
$$\cos(\theta + \pi) = \cos\theta\cos\pi - \sin\theta\sin\pi = \cos\theta \cdot (-1) = -\cos\theta \qquad \Box$$

問 1.8 加法定理を用いて，次の公式を示せ.

$$\sin\left(\theta + \frac{\pi}{2}\right) = \cos\theta$$
$$\cos\left(\theta + \frac{\pi}{2}\right) = -\sin\theta$$

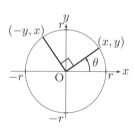

加法定理より

$$\sin 2\alpha = \sin(\alpha + \alpha) = \sin\alpha\cos\alpha + \cos\alpha\sin\alpha = 2\sin\alpha\cos\alpha$$
$$\cos 2\alpha = \cos(\alpha + \alpha) = \cos\alpha\cos\alpha - \sin\alpha\sin\alpha$$
$$= \cos^2\alpha - \sin^2\alpha = \cos^2\alpha - (1 - \cos^2\alpha) = 2\cos^2\alpha - 1$$

これを **2倍角の公式**という.

このように，加法定理から次のようないろいろな公式が得られる．

公式 1.4

(1) **2倍角の公式**

$$\sin 2\alpha = 2\sin\alpha\cos\alpha$$

$$\cos 2\alpha = \cos^2\alpha - \sin^2\alpha = 2\cos^2\alpha - 1 = 1 - 2\sin^2\alpha$$

$$\tan 2\alpha = \frac{2\tan\alpha}{1 - \tan^2\alpha}$$

(2) **半角の公式**

$$\sin^2\frac{\alpha}{2} = \frac{1 - \cos\alpha}{2}, \quad \cos^2\frac{\alpha}{2} = \frac{1 + \cos\alpha}{2}, \quad \tan^2\frac{\alpha}{2} = \frac{1 - \cos\alpha}{1 + \cos\alpha}$$

(3) **積を和・差に直す公式**

$$\sin\alpha\cos\beta = \frac{1}{2}\{\sin(\alpha+\beta) + \sin(\alpha-\beta)\}$$

$$\cos\alpha\sin\beta = \frac{1}{2}\{\sin(\alpha+\beta) - \sin(\alpha-\beta)\}$$

$$\cos\alpha\cos\beta = \frac{1}{2}\{\cos(\alpha+\beta) + \cos(\alpha-\beta)\}$$

$$\sin\alpha\sin\beta = -\frac{1}{2}\{\cos(\alpha+\beta) - \cos(\alpha-\beta)\}$$

(4) **和・差を積に直す公式**

$$\sin A + \sin B = 2\sin\frac{A+B}{2}\cos\frac{A-B}{2}$$

$$\sin A - \sin B = 2\cos\frac{A+B}{2}\sin\frac{A-B}{2}$$

$$\cos A + \cos B = 2\cos\frac{A+B}{2}\cos\frac{A-B}{2}$$

$$\cos A - \cos B = -2\sin\frac{A+B}{2}\sin\frac{A-B}{2}$$

[証明] (3), (4) の第 1 式を示す．加法定理より

$$\sin(\alpha+\beta) = \sin\alpha\cos\beta + \cos\alpha\sin\beta$$

$$\sin(\alpha-\beta) = \sin\alpha\cos\beta - \cos\alpha\sin\beta$$

それぞれの辺を加えると

$$\sin(\alpha+\beta) + \sin(\alpha-\beta) = 2\sin\alpha\cos\beta$$

左辺と右辺を入れ換えて 2 で割ると，(3) の第 1 式が得られる．
また，$\alpha+\beta = A$, $\alpha-\beta = B$ とおくと　$\alpha = \dfrac{A+B}{2}$, $\beta = \dfrac{A-B}{2}$
これから，(4) の第 1 式が得られる．他も同様である．　　　　　□

例 1.4　$\sin 4\theta\cos 2\theta = \dfrac{1}{2}\big(\sin(4\theta+2\theta) + \sin(4\theta-2\theta)\big) = \dfrac{1}{2}\big(\sin 6\theta + \sin 2\theta\big)$

例 1.5 $\cos 4\theta + \cos\theta = 2\cos\dfrac{4\theta + \theta}{2}\cos\dfrac{4\theta - \theta}{2} = 2\cos\dfrac{5\theta}{2}\cos\dfrac{3\theta}{2}$

問 1.9   次の式を 2 つの三角関数の和または差で表せ.

(1) $\cos 3\theta\sin 2\theta$ (2) $\cos 5\theta\cos\theta$ (3) $\sin 4\theta\sin 3\theta$

問 1.10   次の式を 2 つの三角関数の積で表せ.

(1) $\sin 3\theta + \sin\theta$ (2) $\sin 4\theta - \sin 2\theta$ (3) $\cos 5\theta - \cos 3\theta$

1.2.3 三角関数のグラフ

　角 θ を与えると三角関数 $\sin\theta$, $\cos\theta$, $\tan\theta$ の値が定まるから, 三角関数は角の関数である. 角をあらためて x (ラジアン) で表すと, 関数 $y = \sin x$ の定義域は実数全体, 値域は $-1 \leqq y \leqq 1$ で, グラフは次のようになる.

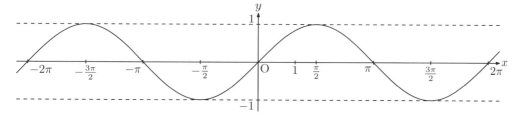

　一般に, 関数 $f(x)$ について, 0 でない正の定数 p があって

$$f(x + p) = f(x)$$

がすべての x の値について成り立つとき, 関数 $f(x)$ を**周期関数**といい, このような定数 p の最小値を**周期**という. 関数 $\sin x$ は周期 2π の周期関数である.

　また, 関数 $f(x)$ について, そのグラフが原点に関して対称のとき, **奇関数**という. これは, すべての x について, 等式

$$f(-x) = -f(x)$$

が成り立つことと同値である. 4 ページ公式 1.2 より, 関数 $\sin x$ は奇関数である.

　関数 $y = \cos x$ の定義域, 値域, 周期も $y = \sin x$ と同様で, グラフは次のようになる.

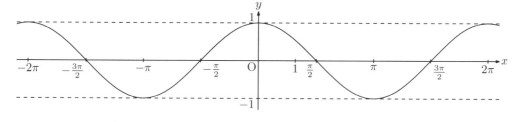

関数 $f(x)$ のグラフが y 軸に関して対称のとき，**偶関数**といい，等式

$$f(-x) = f(x)$$

がすべての x について成り立つことと同値である．4 ページ公式 1.2 より，関数 $\cos x$ は偶関数であることがわかる．

$\tan x$ の値は，$\cos x = 0$ となる角 x に対して定義されないから，定義域は $x = \dfrac{(2n+1)\pi}{2}$（n は整数）を除く実数全体，すなわち，y 軸に平行な直線 $x = \dfrac{(2n+1)\pi}{2}$（n は整数）を漸近線にもつ．また，値域は実数全体である．関数 $\tan x$ は，π を周期にもつ奇関数である．

関数 $y = \tan x$ のグラフは，次のようになる．

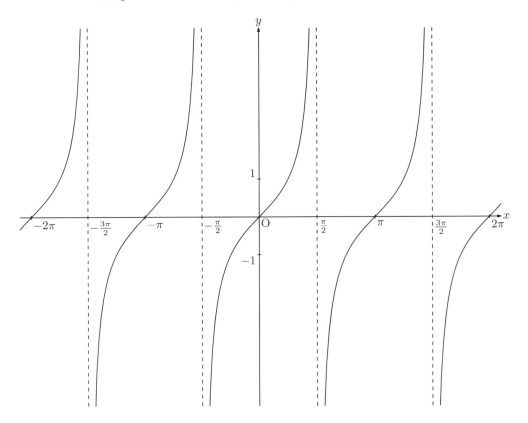

1.3　指数関数と対数関数

本節では，高等学校で学んだ指数関数と対数関数について，その定義と性質を復習する．指数は極端に大きな数や小さい数を表す際に有効である．例えば，地球から太陽までの距離を $1.5 \times 10^8\,\mathrm{km}$ と表したり，水素原子の原子核の直径を $1.0 \times 10^{-13}\,\mathrm{cm}$ のように表す．また，対数は極端に大きな数や小さい数の掛け算や割り算を簡略に計算する際に有効である．

1.3.1　指数の拡張

ここでは，a を正の定数とする．正の整数 n について

$$a^n = \underbrace{a \times a \times \cdots \times a}_{n \text{ 個}}$$

であった．a^n において，a を**底**，n を**指数**という．

高等学校では，この指数を次のように拡張した．

まず，指数が 0 および負の整数の場合は，次のように定める．

$$a^0 = 1, \qquad a^{-n} = \frac{1}{a^n}$$

問 1.11　次の値を求めよ．

(1) 4^0 　　　　(2) 2^{-3} 　　　　(3) $\left(\dfrac{1}{3}\right)^{-2}$ 　　　　(4) $\left(\dfrac{2}{5}\right)^0$

また，有理数 p については，p が正の整数 n と整数 m によって，$p = \dfrac{m}{n}$ と表されることを用いて，次のように定義する．

$$a^p = (\sqrt[n]{a})^m$$

ただし，$\sqrt[n]{a}$ は a の **n 乗根**，すなわち n 乗して a になる正の実数である．

例 1.6　$3^{\frac{1}{2}} = (\sqrt[2]{3})^1 = \sqrt{3}$

$5^{-\frac{2}{3}} = (\sqrt[3]{5})^{-2} = \dfrac{1}{(\sqrt[3]{5})^2} = \dfrac{1}{\sqrt[3]{25}}$

問 1.12　例 1.6 と同様に，次を計算せよ．

(1) $4^{\frac{1}{2}}$ 　　　　(2) $9^{\frac{3}{2}}$ 　　　　(3) $2^{\frac{2}{3}}$ 　　　　(4) $4^{-\frac{3}{4}}$

さらに，実数 x については，x にいくらでも近い有理数が存在することを利用して，a^x を定義することができる．

このように拡張した指数の計算について，次の**指数法則**が成り立つ．

公式 1.5(指数法則) ━━━━━━━━━━━━━━━━━━━━━━

a, b を正の実数，x, y を実数とするとき

(1) $a^x a^y = a^{x+y}$ 　　　　　　　　　(2) $\dfrac{a^x}{a^y} = a^{x-y} = \dfrac{1}{a^{y-x}}$

(3) $(a^x)^y = a^{xy}$ 　　　　　　　　　(4) $(ab)^x = a^x b^x$

注　x, y が整数，例えば $x = 3$, $y = 2$ のときは

$$a^3 a^2 = (aaa)(aa) = a^5, \quad (a^3)^2 = (aaa)(aaa) = a^6$$

などより，指数法則が成り立つことは明らかであるが，指数を有理数や実数に拡張した場合にも，同様に成り立つことが重要である．

例 1.7　$3^{1.3}3^{0.7} = 3^{1.3+0.7} = 3^2 = 9, \quad 4^{\frac{1}{4}} = \left(2^2\right)^{\frac{1}{4}} = 2^{2 \cdot \frac{1}{4}} = 2^{\frac{1}{2}} = \sqrt{2}$

問 1.13　次の式を簡単にせよ．

(1) $3^{\frac{1}{3}}3^{\frac{2}{3}}$　　　　　(2) $\dfrac{5^{6.3}}{5^{5.8}}$　　　　　(3) $(3^{\frac{1}{3}})^6$　　　　　(4) $3^{1.5}\left(\dfrac{1}{3}\right)^{1.5}$

1.3.2　指 数 関 数

1 でない正の定数 a について

$$y = a^x$$

で表される関数を**指数関数**といい，グラフは次のようになる．

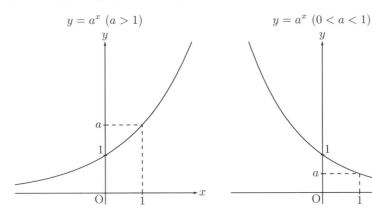

例 1.8　a をいろいろ変えたとき，指数関数のグラフは次のようになる．

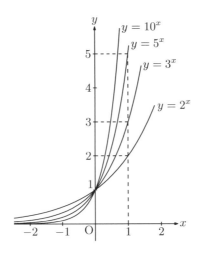
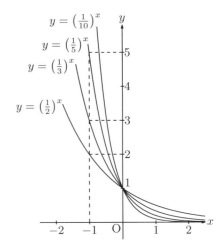

指数関数の定義域は実数全体で，値域は $y > 0$ であり，$a^0 = 1$ より，グラフと y 軸との交点は常に $(0, 1)$ である．

また，$a > 1$ のときは**単調に増加する**，すなわち，グラフは右上がりで，x 軸の負の方向で x 軸に漸近する．$0 < a < 1$ のときは**単調に減少する**，すなわち，グラフは右下がりで，x 軸の正の方向で x 軸に漸近する．

1.3.3 対数の定義と性質

ここでは，a を 1 でない正の定数とする．このとき，指数関数 $y = a^x$ は，実数 x に対して，正の実数 $y = a^x$ を対応させる関数であった．

逆に，正の実数 y を先に与えたとき，$y = a^x$ となる x を求めよう．

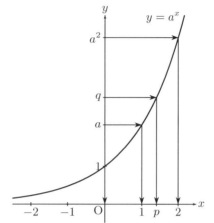

例 1.9 $y = a \longrightarrow a = a^x$ より $x = 1$

$y = a^2 \longrightarrow a^2 = a^x$ より $x = 2$

$y = 1 \longrightarrow 1 = a^x$ より $x = 0$

問 1.14 $y = \dfrac{1}{a}$, $y = \dfrac{1}{a^2}$ に対応する x の値を求めよ．

指数関数のグラフより，任意の正の実数 q に対して $q = a^p$ となる実数 p がただ 1 つ存在することがわかる．この p の値を a を**底**とする q の**対数**といい

$$p = \log_a q \tag{1.5}$$

と表す．(1.5) において，q を**真数**という．

例 1.10 例 1.9 より

$$\mathbf{\log_a a = 1}, \quad \log_a a^2 = 2, \quad \mathbf{\log_a 1 = 0} \tag{1.6}$$

(1.5) は $q = a^p$ を p について解いた式だから，次の同値関係が成り立つ．

$$p = \log_a q \iff q = a^p \tag{1.7}$$

例 1.11 $p = \log_3 \sqrt{3} \iff \sqrt{3} = 3^p$

$\sqrt{3} = 3^{\frac{1}{2}}$ より $p = \dfrac{1}{2}$ ∴ $\log_3 \sqrt{3} = \dfrac{1}{2}$

問 1.15 次の値を求めよ．

(1) $\log_2 8$ (2) $\log_2 \dfrac{1}{2}$ (3) $\log_3 \dfrac{1}{81}$

(4) $\log_5 5\sqrt{5}$ $\qquad\qquad$ (5) $\log_7 \dfrac{1}{\sqrt[3]{7}}$ $\qquad\qquad$ (6) $\log_{10} \sqrt[3]{100}$

対数について，以下の**対数法則**が成り立つ.

公式 1.6(対数法則) ━━━━━━━━━━━━━━━━━━━━━━━━

a, b は 1 でない正の数，α は実数，$x, y > 0$ のとき

$$\log_a xy = \log_a x + \log_a y$$
$$\log_a \frac{x}{y} = \log_a x - \log_a y$$
$$\log_a x^\alpha = \alpha \log_a x$$

━━━━━━━━━━━━━━━━━━━━━━━━━━━━━━━━━━━━━

[証明] すべて，9 ページの指数法則 1.5 と 11 ページ (1.7) から証明される.
例えば，$\log_a x = p$, $\log_a y = q$ とおくと，(1.7) より $a^p = x$, $a^q = y$
これから，$a^{p+q} = a^p a^q = xy$ となり，$p + q = \log_a xy$ を得る. $\qquad\qquad\square$

例 1.12 $\quad \log_2 12 = \log_2(2^2 \cdot 3) = \log_2 2^2 + \log_2 3 = 2\log_2 2 + \log_2 3 = 2 + \log_2 3$

$\qquad\qquad \log_{10} \dfrac{10}{9} = \log_{10} 10 - \log_{10} 9 = 1 - 2\log_{10} 3$

問 1.16 次の式を簡単にせよ.

(1) $\log_6 \dfrac{3}{2} + \log_6 24$ $\qquad\qquad\qquad$ (2) $\log_5 500 - \log_5 4$

a, b, c が正の数で，$a \neq 1$, $c \neq 1$ とする.
このとき，$\log_a b = x$, $\log_c a = y$ とおくと

$$a^x = b, \quad c^y = a$$

第 2 式を第 1 式に代入すると

$$(c^y)^x = b \quad \text{すなわち} \quad c^{xy} = b$$

(1.7) より，$xy = \log_c b$ となるから

$$\log_a b \, \log_c a = \log_c b$$

よって，次の**底の変換公式**が得られる.

公式 1.7(底の変換公式) ━━━━━━━━━━━━━━━━━━━━━━━━

a, b, c が正の数で，$a \neq 1$, $c \neq 1$ のとき

$$\log_a b = \frac{\log_c b}{\log_c a}$$

━━━━━━━━━━━━━━━━━━━━━━━━━━━━━━━━━━━━━

例 1.13　$\log_8 2$ を底が 2 の対数に変換すると　　$\log_8 2 = \dfrac{\log_2 2}{\log_2 8} = \dfrac{1}{3}$

問 1.17　次の対数を [ ] 内の底に変換せよ.

(1) $\log_9 27$　[3]　　　　　　　(2) $\log_4 \sqrt{32}$　[2]　　　　　　(3) $\log_{25} \dfrac{1}{125}$　[5]

　11 ページ (1.7) の右側の p に左側の式を代入すると, 次の等式が得られる.

$$a^{\log_a q} = q \tag{1.8}$$

例 1.14　$2^{\log_2 3} = 3$,　$3^{4\log_3 2} = 3^{\log_3 2^4} = 2^4 = 16$

問 1.18　次の値を求めよ.

(1) $2^{2\log_2 6}$　　　　　　　　　　　　　(2) $3^{-\log_3 7}$

　底が 10 の対数を**常用対数**といい, 数値計算ではよく用いられる.

　$\log_{10} 2$ と $\log_{10} 3$ がどのくらいの値になるかを求めよう. まず

$$2^{10} = 1024 \text{ より }　2^{10} \fallingdotseq 1000$$

両辺の常用対数をとると

$$\log_{10} 2^{10} \fallingdotseq \log_{10} 1000 \text{ これから }　10\log_{10} 2 \fallingdotseq \log_{10} 10^3 = 3$$

したがって, $\log_{10} 2 \fallingdotseq \dfrac{3}{10} = 0.3$ となる. また

$$3^5 = 243,\ 2^8 = 256 \text{ より }　3^5 \fallingdotseq 2^8$$

両辺の常用対数をとると

$$\log_{10} 3^5 \fallingdotseq \log_{10} 2^8 \text{ これから }　5\log_{10} 3 \fallingdotseq 8\log_{10} 2$$

したがって, $\log_{10} 3 \fallingdotseq \dfrac{8}{5} \times \log_{10} 2 \fallingdotseq 0.48$ の近似式が得られる.

　$\log_{10} 2$ と $\log_{10} 3$ の小数点以下 4 桁の近似値は, それぞれ 0.3010, 0.4771 であり, これらの数値はよく用いられる. また, 常用対数の計算では, 近似記号のかわりに等号を用いることが多い. すなわち, 次のように表す.

$$\log_{10} 2 = 0.3010,　\log_{10} 3 = 0.4771 \tag{1.9}$$

例 1.15　(1.9) を用いると　$\log_{10} 6 = \log_{10} 2 + \log_{10} 3 = 0.7781$

問 1.19　(1.9) を用いて, 次の値を求めよ.

(1) $\log_{10} 8$　　　　　　　　　(2) $\log_{10} \dfrac{2}{3}$　　　　　　　　(3) $\log_{10} 5$

(1.9) を用いると　　$\log_{10} 2^{100} = 100 \log_{10} 2 = 30.1 = 0.1 + 30$

11 ページ (1.7) より　　$2^{100} = 10^{0.1+30} = 10^{0.1} \times 10^{30}$

$m = 10^{0.1}$ とおくと，10 ページ例 1.8 の $y = 10^x$ のグラフより，$1 \leqq m < 10$ であることがわかる．したがって，2^{100} は次の形に表される．

$$2^{100} = m \times 10^n \qquad (1 \leqq m < 10, \ n \text{ は整数})$$

この表し方を**指数表示**という．指数表示は，数の桁数を見るのに便利である．

1.3.4　対 数 関 数

1 でない正の定数 a について

$$y = \log_a x$$

で表される関数を a を底とする**対数関数**という．対数関数の定義域は正の実数全体，値域は実数全体であり，$a > 1$ のときは単調に増加，$0 < a < 1$ のときは単調に減少する．対数関数 $y = \log_a x$ のグラフは，常に点 $(1, \ 0)$ を通り，$a > 1$，$0 < a < 1$ の場合に応じて次のようになる．

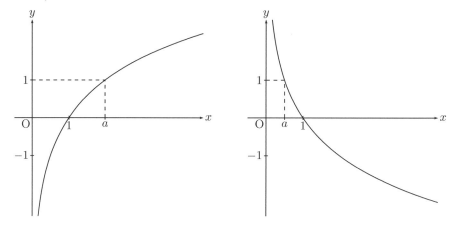

y 軸を漸近線にもち，$\log_a a = 1$ より点 $(a, \ 1)$ を通ることがわかる．

例 1.16　底をいろいろ変えたときの対数関数のグラフは，図のようになる．

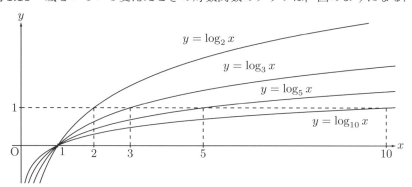

1.3.5 逆 関 数

関数 $y = f(x)$ が単調に増加または減少するとき，値域内の y の値に対して，$y = f(x)$ となる x がただ 1 つ定まる．すなわち，x は y の関数 $x = g(y)$ と考えられる．これを関数 $y = f(x)$ の**逆関数**という．x, y を入れ換えて，独立変数を x，従属変数を y で表すことにすると，逆関数 $y = g(x)$ ともとの関数の間に次の関係が成り立つ．

$$x = f(y) \Longleftrightarrow y = g(x) \tag{1.10}$$

注 一般には，関数 $y = f(x)$ の逆関数を $\boldsymbol{y = f^{-1}(x)}$ で表す．

指数関数 $y = a^x$ の逆関数を求めよう．まず，x と y を入れ換えて

$$x = a^y \tag{1.11}$$

これを y について解けばよい．11 ページ (1.7) で $q = x$, $p = y$ とおくと，(1.11) は

$$y = \log_a x$$

と同値であることがわかる．したがって，指数関数 $y = a^x$ の逆関数は，対数関数 $y = \log_a x$ である．逆も成り立つから，対数関数と指数関数は互いに逆関数である．

逆関数 $y = g(x)$ のグラフ上の任意の点 (a, b) に対して，(1.10) より

$$a = f(b) \Longleftrightarrow b = g(a)$$

となるから，点 (b, a) はもとの関数 $y = f(x)$ 上にある．これらの 2 点は直線 $y = x$ に関して対称だから，2 つのグラフは直線 $y = x$ に関して対称である．

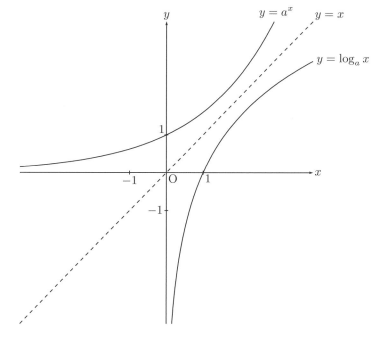

問 **1.20**　次の関数の逆関数を求め，グラフをかけ.

(1) $y = x^2 + 1$　$(x \geqq 0)$　　　　　　　　(2) $y = 2^{x+1}$

1.4　関数の極限

　関数 $f(x)$ において，x が a と異なる値をとりながら a に限りなく近づくとする. このとき，その近づき方によらず $f(x)$ の
値が一定の値 α に近づくならば，x が a に近づく
とき $f(x)$ は α に**収束する**といい

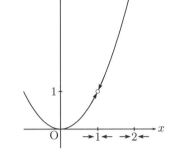

$$\lim_{x \to a} f(x) = \alpha \ \text{ または } \ f(x) \to \alpha \ (x \to a)$$

と表す. また，α のことを**極限値**という.

例 **1.17**　$f(x) = x^2 \ (x \neq 1)$ と定義するとき
$$\lim_{x \to 2} f(x) = 4, \ \lim_{x \to 1} f(x) = 1$$
$f(1)$ の値はないが，極限値は求められる.

　関数の極限について，次の公式が成り立つ.

公式 1.8 ───────────────────────────

$\displaystyle \lim_{x \to a} f(x), \ \lim_{x \to a} g(x)$ が存在するとき

(1) $\displaystyle \lim_{x \to a} \big(f(x) \pm g(x)\big) = \lim_{x \to a} f(x) \pm \lim_{x \to a} g(x)$　(複号同順)

(2) $\displaystyle \lim_{x \to a} cf(x) = c \lim_{x \to a} f(x)$　(c は定数)

(3) $\displaystyle \lim_{x \to a} \big(f(x)g(x)\big) = \lim_{x \to a} f(x) \lim_{x \to a} g(x)$

(4) $\displaystyle \lim_{x \to a} \frac{f(x)}{g(x)} = \frac{\lim\limits_{x \to a} f(x)}{\lim\limits_{x \to a} g(x)}$　$\left(g(x) \neq 0, \ \lim\limits_{x \to a} g(x) \neq 0\right)$

(5) $f(x) \leqq g(x)$ ならば　$\displaystyle \lim_{x \to a} f(x) \leqq \lim_{x \to a} g(x)$

────────────────────────────────────

［例題 **1.3**］

$\displaystyle \lim_{x \to 3} \frac{x^2 - 9}{x - 3}$ を求めよ.

$x = 3$ における値はないが，極限値は求められる

［解］ $\displaystyle \lim_{x \to 3} \frac{x^2 - 9}{x - 3} = \lim_{x \to 3} \frac{(x-3)(x+3)}{x - 3} = \lim_{x \to 3} (x + 3) = 6$　　　　　□

問 **1.21**　次の極限値を求めよ.

(1) $\displaystyle \lim_{x \to 1} \frac{x - 1}{x^2 - 1}$　　　　　　　　　　(2) $\displaystyle \lim_{x \to 0} \frac{(x + 1)^2 - 1}{x}$

章末問題 1

— A —

1.1 $\sin\theta = \dfrac{1}{3}$ のとき，$\cos\theta$，$\sin 2\theta$，$\cos 2\theta$，$\sin^2\dfrac{\theta}{2}$，$\cos^2\dfrac{\theta}{2}$ の値を求めよ．ただし，$0 < \theta < \dfrac{\pi}{2}$ とする．

1.2 次の値を求めよ．

(1) $\sin\dfrac{5\pi}{12}$ 　　　　(2) $\cos\dfrac{5\pi}{12}$ 　　　　(3) $\sin\dfrac{\pi}{8}$ 　　　　(4) $\cos\dfrac{\pi}{8}$

1.3 次の方程式を解け．

(1) $\sin x = \dfrac{\sqrt{3}}{2}\ \ (0 \leqq x < 2\pi)$ 　　　　(2) $\cos x = -\dfrac{1}{\sqrt{2}}\ \ (0 \leqq x < 2\pi)$

(3) $\sin x = 1\ \ (-4\pi \leqq x < 4\pi)$ 　　　　(4) $\tan x = -1\ \ (-2\pi \leqq x < 2\pi)$

1.4 次の値を求めよ．

(1) $\log_3 12 - \log_3 8 + \log_3 6$ 　　　　(2) $\log_{10}\dfrac{1}{4} + 2\log_{10}\dfrac{3}{5} - \log_{10} 9$

1.5 $\log_{10} 2 = a$，$\log_{10} 3 = b$ とするとき，次の値を a と b で表せ．

(1) $\log_{10} 12$ 　　　　(2) $\log_{10}\sqrt{15}$ 　　　　(3) $\log_5 6$

1.6 $\log_{10} 2 = a$，$\log_{10} 6 = b$ とするとき，次の値を a と b で表せ．

(1) $\log_{10} 120$ 　　　　(2) $\log_{12} 27$

1.7 次の方程式を解け．

(1) $2^x = 2\sqrt{2}$ 　　　　(2) $8^{1-3x} = 4^{x+4}$

(3) $\log_4 x = -2$ 　　　　(4) $2\log_3 x = \log_3(2x-3) + 1$

1.8 次の極限値を求めよ．

(1) $\displaystyle\lim_{x\to 3}\dfrac{x^3 - 27}{x - 3}$ 　　　　(2) $\displaystyle\lim_{x\to -2}\dfrac{x^3 + 8}{x + 2}$ 　　　　(3) $\displaystyle\lim_{x\to 1}\dfrac{x^3 - 1}{x^4 - 1}$

— **B** —

1.9 関数 $y = f(x)$ と定数 p, q について，関数 $y = f(x-p) + q$ のグラフは $y = f(x)$ のグラフを x 方向に p，y 方向に q 平行移動して得られる．次の関数のグラフをかけ．

(1) $y = \dfrac{1}{x-1} + 2$ \qquad (2) $y = \sqrt{x+2}$ \qquad (3) $y = \dfrac{2^x}{2}$

1.10 関数 $y = f(x)$ と定数 $A, c\ (c \neq 0)$ について，関数 $y = Af(cx)$ のグラフは $y = f(x)$ のグラフを y 方向に A 倍し，x 方向に $\dfrac{1}{c}$ 倍して得られる．次の関数のグラフをかけ．また，周期を求めよ．

(1) $y = 2\sin x$ \qquad (2) $y = \sin 2x$ \qquad (3) $y = \cos \dfrac{x}{3}$ \qquad (4) $y = 3\cos\left(x - \dfrac{\pi}{4}\right)$

1.11 三角関数の加法定理を用いて，次の等式が成り立つことを示せ．

(1) $\sin 3\theta = 3\sin\theta - 4\sin^3\theta$ \qquad (2) $\cos 3\theta = 4\cos^3\theta - 3\cos\theta$

1.12 対数の定義より，$10^{\log_{10} 2} = 2$, $10^{\log_{10} 3} = 3$ である．次の数に最も近い整数を答えよ．

(1) $10^{0.3}$ \qquad (2) $10^{0.48}$ \qquad (3) $10^{0.78}$

1.13 a を正の数とする．次の数を a の指数の形 a^p で答えよ．

(1) $3^{3\log_3 a}$ \qquad (2) $4^{\log_2 a}$ \qquad (3) $11^{\log_{121} a}$

1.14 $y = \dfrac{2^x - 2^{-x}}{2}$ の逆関数を求めよ．

1.15 $x > a$ を満たしながら a に限りなく近づくことを $x \to a+0$ (**右側極限**)，$x < a$ を満たしながら a に限りなく近づくことを $x \to a-0$ (**左側極限**) で表す．
例えば，右のグラフから

$$\lim_{x \to 1+0} \frac{x-1}{|x-1|} = \lim_{x \to 1+0} \frac{x-1}{x-1} = 1$$

$$\lim_{x \to 1-0} \frac{x-1}{|x-1|} = \lim_{x \to 1-0} \frac{x-1}{-(x+1)} = -1$$

$$\lim_{x \to 1} \frac{x-1}{|x-1|} \text{ は存在しない}$$

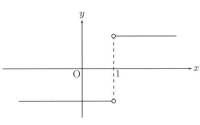

となる．

同様に考えて，次の極限を求めよ．

(1) $\displaystyle\lim_{x \to 0+0} \frac{x^2 + x}{|x|}$

(2) $\displaystyle\lim_{x \to 0-0} \frac{x^2 + x}{|x|}$

(3) $\displaystyle\lim_{x \to 0} \frac{x^2 + x}{|x|}$

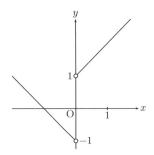

2

微 分 法

2.1 微分係数と導関数

2.1.1 微 分 係 数

関数 $y = f(x)$ において，x の値が a から b まで変わるとき，x の変化量 $b - a$ に対する y の変化量 $f(b) - f(a)$ の割合

$$\frac{f(b) - f(a)}{b - a} \qquad (2.1)$$

を，x が a から b まで変わるときの $f(x)$ の**平均変化率**という．平均変化率 (2.1) は右の図における直線 AB の傾きに等しい．

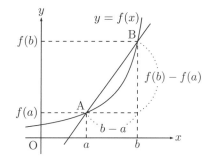

(2.1) で，b を変数 x とおき $x \to a$ としたときの極限値を考える．これを a における**微分係数**といい，$f'(a)$ で表す．

$$f'(a) = \lim_{x \to a} \frac{f(x) - f(a)}{x - a} \qquad (2.2)$$

微分係数 $f'(a)$ が存在するとき，関数 $f(x)$ は a で**微分可能**であるという．$f'(a)$ は曲線 $y = f(x)$ 上の点 $(a, f(a))$ における接線の傾きに等しい．したがって，この接線の方程式は次のようになる．

$$y = f'(a)(x - a) + f(a) \qquad (2.3)$$

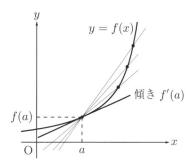

例 **2.1**　$f(x) = x^2$ とするとき，$y = f(x)$ の a における微分係数は

$$f'(a) = \lim_{x \to a} \frac{x^2 - a^2}{x - a} = \lim_{x \to a} \frac{(x - a)(x + a)}{x - a} = \lim_{x \to a} (x + a) = 2a$$

また，曲線 $y = f(x)$ 上の点 $(1, f(1))$ における接線の方程式は

$$y = f'(1)(x - 1) + f(1) \text{ より } \quad y = 2(x - 1) + 1 \quad \therefore \ y = 2x - 1$$

記号 $\therefore$ は「ゆえに」や「したがって」の意味で用いる

19

$f(x) = x^n$ (n は正の整数) の場合も，等式

$$x^n - a^n = (x - a)(x^{n-1} + x^{n-2}a + \cdots + xa^{n-2} + a^{n-1})$$

を用いれば，例 2.1 と同様に計算できて，次の公式が得られる．

$$f'(a) = na^{n-1} \tag{2.4}$$

問 2.1 $f(x) = x^3$ について，次の問いに答えよ．

(1) $x^3 - a^3 = (x - a)(x^2 + xa + a^2)$ を用いて $f'(a) = 3a^2$ を示せ．

(2) 曲線 $y = x^3$ 上の点 $(2, f(2))$ における接線の方程式を求めよ．

一般に，関数 $f(x)$ において，$x \to a$ のときの極限値 $\lim\limits_{x \to a} f(x)$ は必ずしも存在しない．また，存在しても $f(a)$ に一致するとは限らない．

関数 $f(x)$ の定義域内の点 a において，$\lim\limits_{x \to a} f(x)$ が存在して

$$\lim_{x \to a} f(x) = f(a)$$

が成り立つとき，$f(x)$ は a で**連続**であるという．また，ある区間 I のすべての点で連続であるとき，$f(x)$ は I で連続であるという．I で微分可能であることも同様に定める．連続でないことを不連続であるという．

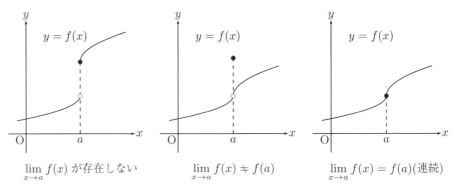

$\lim\limits_{x \to a} f(x)$ が存在しない $\lim\limits_{x \to a} f(x) \neq f(a)$ $\lim\limits_{x \to a} f(x) = f(a)$ (連続)

(2.2) において，$\lim\limits_{x \to a} (x - a) = 0$ だから，a において微分可能のときは

$$\lim_{x \to a} \{f(x) - f(a)\} = 0 \quad \text{すなわち} \quad \lim_{x \to a} f(x) = f(a)$$

でなければならない．したがって，次が成り立つ．

関数 $f(x)$ が a で微分可能ならば a で連続である．

注 $f(x)$ が a で連続であっても微分可能であるとは限らない．例えば，$f(x) = |x|$ とすると

$$\lim_{x \to 0} f(x) = \lim_{x \to 0} |x| = 0 = f(0)$$

より，$f(x)$ は 0 において連続であるが，$f'(0)$ は存在しない．

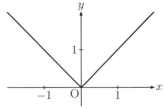

2.1.2 導 関 数

ある区間内のすべての点において関数 $f(x)$ が微分可能のとき，区間内の各 x の値にそれぞれ微分係数 $f'(x)$ を対応させると，この対応から新たな x の関数が得られる．これを関数 $f(x)$ の**導関数**という．

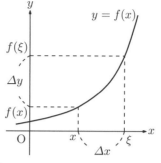

$$f'(x) = \lim_{\xi \to x} \frac{f(\xi) - f(x)}{\xi - x} \quad (2.5)$$

ξ はギリシャ文字でグザイまたはクシー (xi) と読む

関数 $y = f(x)$ の導関数を求めることを，$f(x)$ を（x について）**微分する**という．導関数 $f'(x)$ を次のように表すこともある．

$$y', \quad \{f(x)\}', \quad \frac{dy}{dx}, \quad \frac{d}{dx}f(x)$$

x および y の値の変化量 $\xi - x$，$f(\xi) - f(x)$ を増分ともいい，それぞれ Δx，Δy と表す．このとき，$\xi \to x$ と $\Delta x \to 0$ は同じことだから，(2.5) は

$$f'(x) = \lim_{\Delta x \to 0} \frac{\Delta y}{\Delta x} = \lim_{\Delta x \to 0} \frac{f(x + \Delta x) - f(x)}{\Delta x} \quad (2.6)$$

とも表される．

$f(x) = x^n$ のとき，(2.4) で a を x に置き換えると，$f'(x) = nx^{n-1}$ となる．したがって，次の公式が得られる．

$$(x^n)' = nx^{n-1} \quad (n \text{ は正の整数})$$

c を定数とするとき，$f(x) = c$ で定まる関数を**定数関数**という．このとき，$f(\xi) = c$，$f(x) = c$ だから

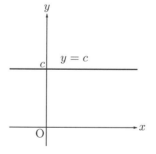

$$(c)' = f'(x) = \lim_{\xi \to x} \frac{f(\xi) - f(x)}{\xi - x} = \lim_{\xi \to x} \frac{c - c}{\xi - x} = 0$$

以下，関数はある区間のすべての点 x で微分可能とする．このとき

$$\bigl(cf(x)\bigr)' = \lim_{\xi \to x} \frac{cf(\xi) - cf(x)}{\xi - x} = c \lim_{\xi \to x} \frac{f(\xi) - f(x)}{\xi - x} = cf'(x)$$

が成り立つ．また，関数 $f(x)$，$g(x)$ について

$$\begin{aligned}
\{f(x) + g(x)\}' &= \lim_{\xi \to x} \frac{\{f(\xi) + g(\xi)\} - \{f(x) + g(x)\}}{\xi - x} \\
&= \lim_{\xi \to x} \frac{f(\xi) - f(x)}{\xi - x} + \lim_{\xi \to x} \frac{g(\xi) - g(x)}{\xi - x} \\
&= f'(x) + g'(x)
\end{aligned}$$

したがって，関数 $f(x)$，$g(x)$ を f，g で表すと次の公式が得られる．

公式 2.1

微分可能な関数 f, g と定数 c, 正の整数 n について

   (1) $(c)' = 0$ (2) $(x^n)' = nx^{n-1}$

   (3) $(cf)' = cf'$ (4) $(f + g)' = f' + g'$

問 2.2 次の関数を微分せよ.

(1) $y = x^4 - 2x^3 + 3x^2 + 5$ (2) $y = x^{10} - 2x^8 + 4x^6$

(3) $y = \dfrac{x^2}{3} + \dfrac{2x}{5} - \dfrac{5}{2}$ (4) $y = \dfrac{x^3 + 6x^2 + 3}{3}$

2.1.3 べき関数の導関数

$p \neq 0$ である定数 p について, 関数 $y = x^p$ を**べき関数**という. 例えば, $y = \sqrt{x}$, $y = \dfrac{1}{x}$ は, それぞれ $y = x^{\frac{1}{2}}$, $y = x^{-1}$ と表されるからべき関数である. べき関数の定義域は, p が正の整数のときは実数全体, 負の整数のときは 0 を除く実数全体であるが, それ以外の場合は次のようになる.

$$p > 0 \text{ のとき } \quad x \geqq 0, \qquad p < 0 \text{ のとき } \quad x > 0$$

べき関数のグラフは次のようになる.

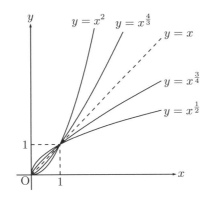 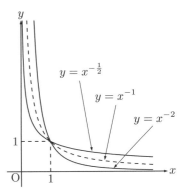

[例題 2.1]

    $f(x) = \sqrt{x}$, $g(x) = \dfrac{1}{\sqrt{x}}$ を定義 (2.5) に従って微分せよ.

[解] $(\sqrt{\xi} - \sqrt{x})(\sqrt{\xi} + \sqrt{x}) = \xi - x$ だから

$$f'(x) = \lim_{\xi \to x} \frac{\sqrt{\xi} - \sqrt{x}}{\xi - x} = \lim_{\xi \to x} \frac{(\sqrt{\xi} - \sqrt{x})(\sqrt{\xi} + \sqrt{x})}{(\xi - x)(\sqrt{\xi} + \sqrt{x})}$$

$$= \lim_{\xi \to x} \frac{\xi - x}{(\xi - x)(\sqrt{\xi} + \sqrt{x})} = \lim_{\xi \to x} \frac{1}{\sqrt{\xi} + \sqrt{x}} = \frac{1}{2\sqrt{x}}$$

また

$$g'(x) = \lim_{\xi \to x} \frac{\dfrac{1}{\sqrt{\xi}} - \dfrac{1}{\sqrt{x}}}{\xi - x} = \lim_{\xi \to x} \frac{\sqrt{x} - \sqrt{\xi}}{(\xi - x)\sqrt{\xi}\sqrt{x}}$$

$$= -\lim_{\xi \to x} \frac{\sqrt{\xi} - \sqrt{x}}{\xi - x} \lim_{\xi \to x} \frac{1}{\sqrt{\xi}\sqrt{x}} = -f'(x) \cdot \frac{1}{x} = -\frac{1}{2x\sqrt{x}} \qquad \square$$

注 $f(x)$ の定義域は $x \geqq 0$ であるが，その導関数 $f'(x)$ の定義域は $x > 0$ である．

問 2.3 $y = \dfrac{1}{x}$ を定義 (2.5) に従って微分せよ．

例題 2.1 の結果から

$$\left(x^{\frac{1}{2}}\right)' = \frac{1}{2}x^{-\frac{1}{2}} = \frac{1}{2}x^{\frac{1}{2}-1}, \qquad \left(x^{-\frac{1}{2}}\right)' = -\frac{1}{2}x^{-\frac{3}{2}} = -\frac{1}{2}x^{-\frac{1}{2}-1}$$

である．同様の計算により，p が有理数のとき，次の公式が成り立つ．

$$\left(x^p\right)' = px^{p-1} \tag{2.7}$$

例 2.2 $\left(\sqrt[3]{x}\right)' = \left(x^{\frac{1}{3}}\right)' = \frac{1}{3}x^{-\frac{2}{3}} = \frac{1}{3\sqrt[3]{x^2}}, \quad \left(x\sqrt{x}\right)' = \left(x^{\frac{3}{2}}\right)' = \frac{3}{2}x^{\frac{1}{2}} = \frac{3}{2}\sqrt{x}$

問 2.4 (2.7) を用いて，次の関数を微分せよ．

(1) $y = \sqrt[3]{x^2}$ (2) $y = \sqrt{x^3}$ (3) $y = \dfrac{1}{\sqrt[3]{x}}$

2.2 積と商の導関数

2 つの微分可能な関数 $f(x)$ と $g(x)$ の積 $f(x)g(x)$ や商 $\dfrac{f(x)}{g(x)}$ の導関数を求めるときは，次の公式を利用する．

公式 2.2 ━━━━━━━━━━━━━━━━━━━━━━━━━━━━━━━━

2 つの関数 $f(x)$，$g(x)$ がともに微分可能である範囲において

(1) $(f(x)g(x))' = f'(x)g(x) + f(x)g'(x)$

(2) $\left(\dfrac{f(x)}{g(x)}\right)' = \dfrac{f'(x)g(x) - f(x)g'(x)}{(g(x))^2}$ (ただし，$g(x) \neq 0$)

──

［証明］ (1) $y = f(x)g(x)$ とおく．y の値が $f(x)g(x)$ から $f(\xi)g(\xi)$ まで変わるときの y の変化量 Δy は

$$\Delta y = f(\xi)g(\xi) - f(x)g(x) = \{f(\xi) - f(x)\}g(\xi) + f(x)\{g(\xi) - g(x)\}$$

となるから

$$\left(f(x)g(x)\right)' = \lim_{\xi \to x} \frac{f(\xi)g(\xi) - f(x)g(x)}{\xi - x}$$

$$= \lim_{\xi \to x} \left\{ \frac{f(\xi) - f(x)}{\xi - x} \cdot g(\xi) + f(x) \cdot \frac{g(\xi) - g(x)}{\xi - x} \right\}$$

$$= f'(x) \lim_{\xi \to x} g(\xi) + f(x)g'(x)$$

仮定より $g(x)$ は微分可能，したがって連続だから $\lim_{\xi \to x} g(\xi) = g(x)$

$$\therefore \quad \left(f(x)g(x)\right)' = f'(x)g(x) + f(x)g'(x)$$

(2) $y = \dfrac{1}{g(x)}$ とおく．y の値が $\dfrac{1}{g(x)}$ から $\dfrac{1}{g(\xi)}$ まで変わるときの y の変化量 Δy は

$$\Delta y = \frac{1}{g(\xi)} - \frac{1}{g(x)} = \frac{g(x) - g(\xi)}{g(\xi)g(x)} = -\frac{g(\xi) - g(x)}{g(\xi)g(x)}$$

$$\therefore \quad \left(\frac{1}{g(x)}\right)' = -\lim_{\xi \to x}\left(\frac{g(\xi) - g(x)}{\xi - x} \cdot \frac{1}{g(\xi)g(x)}\right) = -\frac{g'(x)}{(g(x))^2}$$

したがって，(1) より

$$\left(\frac{f(x)}{g(x)}\right)' = \left(f(x) \cdot \frac{1}{g(x)}\right)' = f'(x) \cdot \frac{1}{g(x)} + f(x) \cdot \left(\frac{1}{g(x)}\right)'$$

$$= \frac{f'(x)}{g(x)} - \frac{f(x)g'(x)}{(g(x))^2} = \frac{f'(x)g(x) - f(x)g'(x)}{(g(x))^2} \qquad \square$$

例 2.3　(1) $f(x) = (x^2 + 1)(x^3 + 1)$ とすると，公式 2.2(1) より

$$f'(x) = (x^2 + 1)'(x^3 + 1) + (x^2 + 1)\left(x^3 + 1\right)'$$

$$= 2x(x^3 + 1) + (x^2 + 1) \cdot 3x^2$$

$$= 2x^4 + 2x + 3x^4 + 3x^2 = 5x^4 + 3x^2 + 2x$$

(2)　$g(x) = \dfrac{x + 2}{x + 3}$ とすると，公式 2.2(2) より

$$g'(x) = \frac{(x + 2)'(x + 3) - (x + 2)(x + 3)'}{(x + 3)^2} = \frac{(x + 3) - (x + 2)}{(x + 3)^2} = \frac{1}{(x + 3)^2}$$

問 2.5　次の関数を微分せよ．

(1) $y = (x^3 + x)(x - 1)$ 　　　　　　　(2) $y = \dfrac{x}{x + 1}$

(3) $y = \dfrac{1}{x^2 + x + 1}$

問 2.6　微分可能な関数 f, g, h について，次の公式を示せ．

$$(fgh)' = f'gh + fg'h + fgh'$$

2.3 三角関数の導関数

三角関数の導関数を求めるために，まず三角関数の極限に関する次の基本公式を示す．以下，角の大きさは弧度法 (ラジアン) で表す．

公式 2.3

$$\lim_{\theta \to 0} \frac{\sin \theta}{\theta} = 1$$

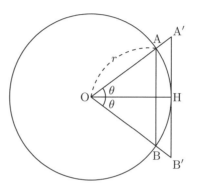

［証明］ $\theta > 0$ とする．図のように，中心 O, 半径 r の円の周上に点 H をとり，OH を中心に中心角が 2θ の扇形 OAB をつくる．さらに，H における円の接線と直線 OA, OB との交点をそれぞれ A′, B′ とする．このとき，$\triangle$OAB, 扇形 OAB, $\triangle$OA′B′ の面積をそれぞれ S_1, S_2, S_3 とすると

$$S_1 = \frac{1}{2}r^2 \sin 2\theta$$

$$S_2 = r^2 \theta$$

$$S_3 = r^2 \tan \theta$$

$S_1 < S_2 < S_3$ だから

$$\frac{1}{2}r^2 \sin 2\theta < r^2 \theta < r^2 \tan \theta$$

すべての項を r^2 で割って 2 倍角の公式を用いると

$$\sin \theta \cos \theta < \theta < \frac{\sin \theta}{\cos \theta}$$

すべての項の逆数をとって $\sin \theta$ を掛けると

$$\frac{1}{\cos \theta} > \frac{\sin \theta}{\theta} > \cos \theta$$

$\theta \to 0$ のとき，$\dfrac{1}{\cos \theta} \to 1$, $\cos \theta \to 1$ となるから，16 ページの公式 1.8 (5) より

$$\lim_{\theta \to 0} \frac{\sin \theta}{\theta} = 1$$

$\theta < 0$ のときは

$$\lim_{\theta \to 0} \frac{\sin \theta}{\theta} = \lim_{\theta \to 0} \frac{-\sin \theta}{-\theta} = \lim_{-\theta \to 0} \frac{\sin(-\theta)}{-\theta} = 1$$

したがって，$\displaystyle \lim_{\theta \to 0} \frac{\sin \theta}{\theta} = 1$ が成り立つ． $\square$

注 弦 AB, 弧 AB の長さはそれぞれ $2r \sin \theta$, $2r\theta$ だから，公式 2.3 はこれらの比が 1 に近づくことを意味している．

例 **2.4**　(1)　$\displaystyle\lim_{\theta\to0}\frac{\theta}{\sin\theta}=\lim_{\theta\to0}\frac{1}{\dfrac{\sin\theta}{\theta}}=1$

(2)　$\displaystyle\lim_{\theta\to0}\frac{\sin2\theta}{\sin3\theta}=\lim_{\theta\to0}\frac{\sin2\theta}{\theta}\cdot\frac{\theta}{\sin3\theta}=\lim_{\theta\to0}\frac{2}{3}\cdot\frac{\sin2\theta}{2\theta}\cdot\frac{3\theta}{\sin3\theta}=\frac{2}{3}$

問 **2.7**　次の極限値を求めよ.

(1)　$\displaystyle\lim_{\theta\to0}\frac{\sin\theta}{3\theta}$　　　　　　　(2)　$\displaystyle\lim_{\theta\to0}\frac{\sin5\theta}{\theta}$　　　　　　　(3)　$\displaystyle\lim_{\theta\to0}\frac{\tan\theta}{\theta}$

公式 2.3 から, 三角関数の導関数について次の公式が得られる.

公式 **2.4** ━━━━━━━━━━━━━━━━━━━━━━━━━━━━━━━━

$$(\sin x)'=\cos x,\quad (\cos x)'=-\sin x,\quad (\tan x)'=\frac{1}{\cos^2 x}$$

──

[証明]　$(\sin x)'=\displaystyle\lim_{\xi\to x}\frac{\sin\xi-\sin x}{\xi-x}$ において, 6 ページの公式 1.4(4) より

$$\sin\xi-\sin x=2\cos\frac{\xi+x}{2}\sin\frac{\xi-x}{2}$$

が成り立つから, $\dfrac{\xi-x}{2}=\theta$ とおくと

$$\frac{\sin\xi-\sin x}{\xi-x}=\frac{2\cos\dfrac{\xi+x}{2}\sin\theta}{2\theta}=\cos\frac{\xi+x}{2}\cdot\frac{\sin\theta}{\theta}$$

$\xi\to x$ のとき, $\theta\to0$, $\dfrac{\xi+x}{2}\to x$ となるから, 右辺は $\cos x$ に収束する. よって, $(\sin x)'=\cos x$ が示される.

$y=\cos x$ の導関数についても

$$\cos\xi-\cos x=-2\sin\frac{\xi+x}{2}\sin\frac{\xi-x}{2}$$

を用いて $(\cos x)'=-\sin x$ が示される.

$y=\tan x$ の導関数は, 23 ページの公式 2.2 (2) より次のように求められる.

$$(\tan x)'=\left(\frac{\sin x}{\cos x}\right)'=\frac{(\sin x)'\cos x-\sin x(\cos x)'}{\cos^2 x}$$
$$=\frac{\cos x\cos x-\sin x(-\sin x)}{\cos^2 x}=\frac{\cos^2 x+\sin^2 x}{\cos^2 x}=\frac{1}{\cos^2 x}\qquad\square$$

例 **2.5**　(1)　$(\sin x+\cos x)'=(\sin x)'+(\cos x)'=\cos x-\sin x$

(2)　$(\sin x\cos x)'=(\sin x)'\cos x+\sin x(\cos x)'=\cos^2 x-\sin^2 x$

問 **2.8**　次の関数を微分せよ.

(1)　$y=\sin^2 x\ (=\sin x\cdot\sin x)$　　　　　　　(2)　$y=\dfrac{\cos x}{\sin x}$

[例題 2.2]

$\bigl(\sin(ax+b)\bigr)' = a\cos(ax+b)$ を示せ. ただし, a, b は定数で $a \neq 0$ とする.

[解] $\bigl(\sin(ax+b)\bigr)' = \lim_{\xi \to x} \dfrac{\sin(a\xi+b) - \sin(ax+b)}{\xi - x}$ の右辺において

$$\sin(a\xi+b) - \sin(ax+b) = 2\cos\frac{a(\xi+x)+2b}{2}\ \sin\frac{a(\xi-x)}{2}$$

$\dfrac{a(\xi-x)}{2} = \theta$ とおくと, $\xi - x = \dfrac{2\theta}{a}$ かつ $\xi \to x$ のとき $\theta \to 0$ だから

$$\bigl(\sin(ax+b)\bigr)' = \lim_{\xi \to x} \frac{2\cos\dfrac{a(\xi+x)+2b}{2}\sin\theta}{\dfrac{2\theta}{a}}$$

$$= \lim_{\xi \to x} a\cos\frac{a(\xi+x)+2b}{2}\ \frac{\sin\theta}{\theta} = a\cos(ax+b) \qquad \square$$

問 2.9 $\bigl(\cos(ax+b)\bigr)' = -a\sin(ax+b)$ を示せ.

例 2.6 $\bigl(\sin(5x+3)\bigr)' = 5\cos(5x+3)$

$\bigl(\cos(-x+1)\bigr)' = -\bigl(-\sin(-x+1)\bigr) = \sin(-x+1)$

問 2.10 次の関数を微分せよ.

(1) $y = \sin 2x$ (2) $y = \cos(3x+1)$ (3) $y = \sin 2x \cos 3x$

一般に, 微分可能な関数 $y = f(x)$ について例題 2.2 と同様な公式

$$\bigl(f(ax+b)\bigr)' = af'(ax+b) \tag{2.8}$$

が示される. ここで, $f'(ax+b)$ は $f'(x)$ の x に $ax+b$ を代入するという意味である. 実際, $a\xi+b = \eta$, $ax+b = y$ とおくと

η はギリシャ文字でエータ (eta) と読む

$$\begin{aligned}
\bigl(f(ax+b)\bigr)' &= \lim_{\xi \to x} \frac{f(a\xi+b) - f(ax+b)}{\xi - x} \\
&= \lim_{\xi \to x} \frac{a\bigl(f(a\xi+b) - f(ax+b)\bigr)}{a(\xi - x)} \\
&= \lim_{\eta \to y} \frac{a\bigl(f(\eta) - f(y)\bigr)}{\eta - y} = af'(y) = af'(ax+b)
\end{aligned}$$

よって, (2.8) が得られる.

例 2.7 $\bigl((2x+1)^3\bigr)' = 2\cdot 3(2x+1)^2 = 6(2x+1)^2$

$\bigl(\sqrt{4x+3}\bigr)' = 4\cdot\dfrac{1}{2\sqrt{4x+3}} = \dfrac{2}{\sqrt{4x+3}}$

問 **2.11** 次の関数を微分せよ.

(1) $y = (-x + 1)^4$ (2) $y = \dfrac{1}{(2x + 5)^3}$ (3) $y = \dfrac{1}{\sqrt{x - 2}}$

$f(x) = \sin x$ について, $x = 0$ における微分係数 $f'(0)$ を定義から求めると

$$f'(0) = \lim_{x \to 0} \frac{\sin x - \sin 0}{x} = \lim_{x \to 0} \frac{\sin x}{x} = 1$$

25 ページの公式 2.3 より, 最後の等式が成り立つ. このことは $y = \sin x$ のグラフの $x = 0$ における接線の傾きが 1 であることを意味している.

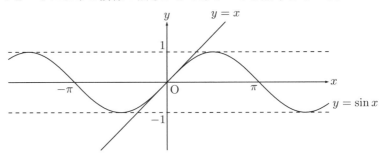

2.4 指数関数と対数関数の導関数

1 でない正の定数 a について, 指数関数 $f_a(x) = a^x$ のグラフは, 常に点 A(0, 1) を通る. また, $a_1 < a_2$ のとき, $x > 0$ で次の不等式が成り立つ.

$$\left(\frac{a_2}{a_1}\right)^x > 1 \text{ すなわち } a_1{}^x < a_2{}^x$$

点 A における接線の傾き, すなわち 0 における微分係数 $f_a'(0)$ の値は

$$f_a'(0) = \lim_{x \to 0} \frac{a^x - a^0}{x} = \lim_{x \to 0} \frac{a^x - 1}{x}$$

より, a が大きくなるにつれて大きくなる. 下の図は, $a = 2.5, 3$ のグラフと点 A における接線を実線でかき, 直線 $y = x + 1$ を破線で加えたものである.

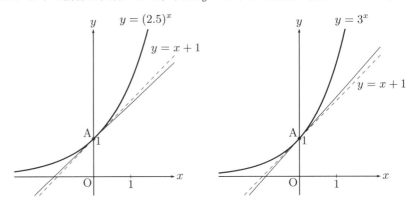

この図から推察されるように, $(0,\,1)$ にお
ける接線の傾き $f_a{}'(0)$ は, $a=2.5$ のとき 1
より小さく, $a=3$ のとき 1 より大きい. し
たがって, ちょうど $f_a{}'(0)=1$ となる a が
2.5 と 3 の間に存在することが予想される.
実際, このような a の値はただ 1 つ定まる
ことが知られている. この数を**ネピアの数**,
または**自然対数の底**といい, 記号 e で表す.
すなわち, e は次の等式を満たす定数である.

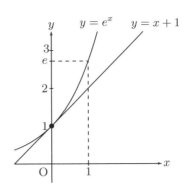

ネピア, Napier
(1550-1617)

$$\lim_{x\to 0}\frac{e^x-1}{x}=1 \tag{2.9}$$

また, e は無理数であり, $e=2.71828\cdots$ となることが知られている.

　関数 $y=e^x$ の導関数を求めよう. 導関数の定義 (2.5) より

$$(e^x)'=\lim_{\xi\to x}\frac{e^\xi-e^x}{\xi-x}=\lim_{\xi\to x}\frac{e^{\xi-x}e^x-e^x}{\xi-x}=\lim_{\xi\to x}\frac{(e^{\xi-x}-1)e^x}{\xi-x}$$

(2.9) で, x を $\xi-x$ で置き換えた式

$$\lim_{\xi-x\to 0}\frac{e^{\xi-x}-1}{\xi-x}=1$$

を用いると

$$(e^x)'=\lim_{\xi\to x}\frac{e^\xi-e^x}{\xi-x}=\lim_{\xi\to x}\frac{(e^{\xi-x}-1)e^x}{\xi-x}=e^x \tag{2.10}$$

　したがって, 次の公式が得られる.

公式 2.5 ━━━━━━━━━━━━━━━━━━━━━━━━━━━━━━

$$\left(e^x\right)'=e^x$$

───

問 2.12　次の関数を微分せよ.

(1) $y=xe^x$　　　　　　(2) $y=e^x\cos x$　　　　　　(3) $y=\dfrac{e^x}{x}$

問 2.13　27 ページの (2.8) を用いて, 次の関数を微分せよ.

(1) $y=e^{2x}$　　　　　　(2) $y=\dfrac{e^x+e^{-x}}{2}$　　　　　　(3) $y=e^{3x}\sin 2x$

　e を底とする対数 $\log_e x$ を**自然対数**という. 数値計算を主とする分野では,
自然対数を $\ln x$ と表し, 底が 10 の対数 (**常用対数**) を, 底を省略して $\log x$ と
書くことが多いが, 本書では, $\log x$ を自然対数の意味に用いる.

　自然対数の関数 $y = \log x$ の導関数を求めよう.

　右の図のように, $y = \log x$, $\eta = \log \xi$ と
おくと, $x = e^y$, $\xi = e^\eta$ となるから

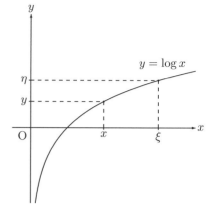

$$
\begin{aligned}
(\log x)' &= \lim_{\xi \to x} \frac{\log \xi - \log x}{\xi - x} \\
&= \lim_{\xi \to x} \frac{\eta - y}{\xi - x} \\
&= \lim_{\xi \to x} \frac{\eta - y}{e^\eta - e^y} \\
&= \lim_{\xi \to x} \frac{1}{\dfrac{e^\eta - e^y}{\eta - y}}
\end{aligned}
$$

　$\xi \to x$ のとき, $\eta \to y$ となるから, (2.10) で x, ξ を y, η で置き換えた式を
用いると

$$
(\log x)' = \frac{1}{e^y} = \frac{1}{x}
$$

　したがって, 次の公式が得られる.

公式 2.6

$$
(\log x)' = \frac{1}{x}
$$

問 2.14　次の関数を微分せよ.

(1) $y = x \log x - x$　　　　　　　　　　　(2) $y = (\log x)^2 \ \left(= \log x \cdot \log x\right)$

　$x \neq 0$ として, 関数 $y = \log |x|$ の導関数を求めよう. $x > 0$ のときは, $|x| = x$
となるから, 公式 (2.6) より, $\left(\log |x|\right)' = (\log x)' = \dfrac{1}{x}$ である.

　$x < 0$ のときは, $|x| = -x$ となるから, 27 ページの (2.8) より

$$
\left(\log |x|\right)' = \left(\log(-x)\right)' = -\frac{1}{-x} = \frac{1}{x}
$$

したがって, $x \neq 0$ のとき, 次の公式が成り立つ.

$$
\left(\log |x|\right)' = \frac{1}{x} \tag{2.11}
$$

問 2.15　27 ページの (2.8) を用いて, 次の関数を微分せよ.

(1) $y = \log(3x + 2)$　　　　　　　　　　(2) $y = \log(2x + 1) - \log(x + 1)$

2.5 合成関数の導関数

本節では，どの変数について微分するかを明示するために，主に $\dfrac{dy}{dx}$ の記法を用いることにする．

3 つの変数 x, y, u について，y は u の関数で $y = f(u)$，u は x の関数で $u = \varphi(x)$ であるとする．このとき，$y = f(u)$ の u に $\varphi(x)$ を代入すると

$$y = f\big(\varphi(x)\big) \tag{2.12}$$

φ はギリシャ文字でファイ (phi) と読む

すなわち，y は x の関数となる．この $f(\varphi(x))$ を f と φ の**合成関数**という．

例 2.8 (1) $y = u^3$, $u = x^2 + 1$ の合成関数は $y = (x^2 + 1)^3$ である．
(2) $y = \sqrt{x^2 - x}$ は $y = \sqrt{u}$, $u = x^2 - x$ の合成関数と考えることができる．

問 2.16 次の関数はどのような関数の合成関数と考えることができるか．

(1) $y = (x^2 + 2x + 3)^5$ 　　　 (2) $y = e^{x^2 + 1}$ 　　　 (3) $y = \log(\sin x)$

$y = f(u)$, $u = \varphi(x)$ がそれぞれ u, x について微分可能な関数であるとき，合成関数 $y = f(\varphi(x))$ の導関数を求めよう．

$\varphi(\xi) = \zeta$ とおくと，導関数 $\dfrac{dy}{dx} = \dfrac{d}{dx} f(\varphi(x))$ は次により定められる．

ζ はギリシャ文字でゼータ (zeta) と読む

$$\lim_{\xi \to x} \frac{f(\varphi(\xi)) - f(\varphi(x))}{\xi - x} = \lim_{\xi \to x} \frac{f(\zeta) - f(u)}{\xi - x} \tag{2.13}$$

ξ が x に近いとき，$\varphi(\xi) \neq \varphi(x)$ であると仮定すると，(2.13) は

$$\lim_{\xi \to x} \frac{f(\zeta) - f(u)}{\zeta - u} \frac{\zeta - u}{\xi - x} = \lim_{\xi \to x} \frac{f(\zeta) - f(u)}{\zeta - u} \frac{\varphi(\xi) - \varphi(x)}{\xi - x} \tag{2.14}$$

関数 $u = \varphi(x)$ は連続だから，$\xi \to x$ のとき $\zeta \to u$ となる．したがって，(2.14) の第 2 式より

$$\frac{dy}{dx} = \lim_{\zeta \to u} \frac{f(\zeta) - f(u)}{\zeta - u} \lim_{\xi \to x} \frac{\varphi(\xi) - \varphi(x)}{\xi - x} = \frac{d}{du} f(u) \frac{d}{dx} \varphi(x) = \frac{dy}{du} \frac{du}{dx}$$

が得られる．したがって，合成関数の導関数について次の公式が成り立つ．

公式 2.7 ━━━━━━━━━━━━━━━━━━━━━━━━━━━

$y = f(u)$, $u = \varphi(x)$ がいずれも微分可能のとき

$$\frac{dy}{dx} = \frac{dy}{du} \frac{du}{dx}$$

━━━━━━━━━━━━━━━━━━━━━━━━━━━━━━━━━━

注 この公式は，$\varphi(\xi) \neq \varphi(x)$ の仮定がなくても証明される．

2.7 節を参照

27 ページ (2.8) の公式は，$y = f(ax + b)$ を $y = f(u)$ と $u = ax + b$ の合成関数とみなし，公式 (2.7) を適用すると得られる．したがって，合成関数の微分法は (2.8) の公式を一般化したものである．

例 2.9　例 2.8(1) の $y = (x^2 + 1)^3$ は，$y = u^3$, $u = x^2 + 1$ の合成関数だから

$$\frac{dy}{dx} = \frac{dy}{du}\frac{du}{dx} = 3u^2 \cdot 2x = 6x(x^2 + 1)^2$$

注　y' の記法を用いて，次のように計算することもできる．

$$\left((x^2 + 1)^3\right)' = (u^3)'(x^2 + 1)' = 3u^2 \cdot 2x = 6x(x^2 + 1)^2$$

$$\boxed{x^2 + 1 = u \text{ とおく}}$$

第 1 式で $x^2 + 1 = u$ とおいたとき，微分する変数が変わるから

$$\left((x^2 + 1)^3\right)' = (u^3)'$$

とはならないことに注意する．

問 2.17　問 2.16 の関数を微分せよ．

2.6　微分法の応用

2.6.1　高次導関数

関数 $y = f(x)$ について，その導関数 $f'(x)$ をさらに微分して得られる関数を $f(x)$ の**第 2 次導関数**または**2 階導関数**といい

$$y'', \qquad f''(x), \qquad \frac{d^2y}{dx^2}, \qquad \frac{d^2}{dx^2}f(x)$$

のように表す．第 2 次導関数が存在するとき，$f(x)$ は **2 回微分可能**という．

例 2.10　$y = x^3 + 4x^2 - 3x + 1$ のとき

$$y' = \frac{dy}{dx} = 3x^2 + 8x - 3 \,, \quad y'' = \frac{d^2y}{dx^2} = 6x + 8$$

問 2.18　次の関数の第 2 次導関数を求めよ．

(1) $y = \sin(3x + 1)$　　　　(2) $y = e^{-x^2}$　　　　　　　(3) $y = \log(x^2 + 1)$

3 以上の整数 n についても，同様に**第 n 次導関数**が定義され，次のように表す．

$$y^{(n)}, \qquad f^{(n)}(x), \qquad \frac{d^ny}{dx^n}, \qquad \frac{d^n}{dx^n}f(x)$$

第 n 次導関数が存在するとき，$f(x)$ は **n 回微分可能**という．

注　$y^{(n)}$ の記法は $n = 0, 1, 2$ の場合も用いられる．特に $y^{(0)} = y$ である．

2.6.2　速度と加速度

　数直線上を運動する点 P の時刻 t における座標を x とすると，x は t の関数になる．この関数を $x(t)$ とおくと

$$\Delta x = x(\tau) - x(t)$$

は P が時刻 t から時刻 τ まで運動したときの変位を表すから

$$\frac{x(\tau) - x(t)}{\tau - t} \tag{2.15}$$

は t と τ の間の時間 $\Delta t = \tau - t$ における平均の速度を表す．

τ はギリシャ文字で
タウ (tau) と読む

　(2.15) で $\tau \to t$ としたときの極限値

$$v(t) = \frac{dx}{dt} = \lim_{\Delta t \to 0} \frac{\Delta x}{\Delta t} = \lim_{\tau \to t} \frac{x(\tau) - x(t)}{\tau - t} \tag{2.16}$$

を時刻 t における点 P の**速度**という．また，速度の変化率

$$a(t) = \frac{dv}{dt} = \frac{d^2 x}{dt^2} = \lim_{\tau \to t} \frac{v(\tau) - v(t)}{\tau - t} \tag{2.17}$$

を時刻 t における点 P の**加速度**という．

問 2.19　A, ω を正の定数とするとき，時刻 t における座標が $x = A \sin \omega t$ で表される点 P の速度，加速度を求めよ．

　一般に，y が時刻 t の関数のとき

$$v(t) = \frac{dy}{dt} = \lim_{\tau \to t} \frac{y(\tau) - y(t)}{\tau - t}$$

を y の時刻 t における速度という．加速度についても同様に定義される．

問 2.20　ある化学反応で，反応物 A の時刻 t における濃度を y とすると，$y = y_0 \, e^{-kt}$ (y_0, k は正の定数) で表されるという．y の速度，加速度を求めよ．

2.6.3　平均値の定理

　a, b で定まる区間のうち，両端を含むものを**閉区間**といい，$[a, b]$ で表す．また，両端を含まないものを**開区間**といい，(a, b) で表す．

定理 2.1 (平均値の定理)　関数 $f(x)$ は閉区間 $[a, b]$ で連続で開区間 (a, b) で微分可能とする．このとき

$$\frac{f(b) - f(a)}{b - a} = f'(c) \quad (a < c < b) \tag{2.18}$$

を満たす点 c が少なくとも 1 つ存在する．

---

2 点 $(a, f(a))$, $(b, f(b))$ を結ぶ線分の傾きを m とすると

$$m = \frac{f(b) - f(a)}{b - a}$$

となるから, 平均値の定理は, 開区間 (a, b) 内の点における接線の傾きがちょうど m になる点が少なくとも 1 つは存在することを意味している. ここでは証明しないが, 実数の性質に深く関わっている定理である.

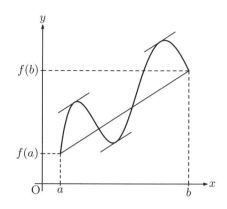

注 (2.18) は次のように書くこともできる.

$$f(b) - f(a) = (b - a)f'(c) \quad (a < c < b) \tag{2.19}$$

[例題 2.3]

関数 $f(x)$ が開区間 (a, b) で常に $f'(x) = 0$ を満たせば, $f(x)$ は定数関数であることを示せ.

[解] (a, b) 内の任意の 2 点 x_1, x_2 $(x_1 < x_2)$ をとり, 区間 $[x_1, x_2]$ で平均値の定理を適用すると

$$f(x_2) - f(x_1) = f'(c)(x_2 - x_1) \quad (x_1 < c < x_2)$$

を満たす c が存在する. 仮定より, $f'(c) = 0$ だから

$$f(x_2) - f(x_1) = 0$$

したがって, $f(x_1) = f(x_2)$ が成り立つから, $f(x)$ は定数関数である. □

2.6.4 ロピタルの定理

ロピタル, L'Hospital (1661-1704)

関数 $f(x)$, $g(x)$ は a を含む区間で微分可能とし, 次が成り立つとする.

$$f(a) = 0, \qquad g(a) = 0 \tag{2.20}$$

$f(x)$, $g(x)$ が区間 $[a, b]$ で連続で, 区間 (a, b) で微分可能となる実数 b をとり, $a < x < b$ とする. (2.19) で b を x で置き換えると

$$f(x) - f(a) = (x - a)f'(c_1) \quad (a < c_1 < x)$$

$$g(x) - g(a) = (x - a)g'(c_2) \quad (a < c_2 < x)$$

さらに

$$f'(x), \ g'(x) \text{ は } a \text{ で連続} \quad g'(a) \neq 0 \tag{2.21}$$

と仮定すると

$$\lim_{x \to a} \frac{f(x)}{g(x)} = \lim_{x \to a} \frac{f(x) - f(a)}{g(x) - g(a)} = \lim_{x \to a} \frac{(x - a)f'(c_1)}{(x - a)g'(c_2)} = \lim_{x \to a} \frac{f'(c_1)}{g'(c_2)}$$

$x \to a$ のとき，$c_1 \to a$，$c_2 \to a$ だから，(2.21) より

$$\lim_{x \to a} f'(c_1) = f'(a) = \lim_{x \to a} f'(x), \qquad \lim_{x \to a} g'(c_2) = g'(a) = \lim_{x \to a} g'(x) \neq 0$$

$b < x < a$ の場合も同様である．したがって，(2.21) の仮定のもとに，次のロピタルの定理が得られる．

定理 2.2（ロピタルの定理） $\displaystyle\lim_{x \to a} f(x) = 0$，$\displaystyle\lim_{x \to a} g(x) = 0$ のとき

$$\lim_{x \to a} \frac{f(x)}{g(x)} = \lim_{x \to a} \frac{f'(x)}{g'(x)}$$

注 (2.20) のとき，$\displaystyle\lim_{x \to a} \frac{f(x)}{g(x)}$ を $\dfrac{0}{0}$ 形の**不定形**という．

例 2.11 $\displaystyle\lim_{x \to 0} \frac{\sin x}{e^x - 1} = \lim_{x \to 0} \frac{(\sin x)'}{(e^x - 1)'} = \lim_{x \to 0} \frac{\cos x}{e^x} = \frac{1}{1} = 1$

問 2.21 次の極限値を求めよ．

(1) $\displaystyle\lim_{x \to 1} \frac{x^3 - 1}{x^5 - 1}$ (2) $\displaystyle\lim_{x \to 1} \frac{\sqrt{x + 3} - 2}{\sqrt{x} - 1}$ (3) $\displaystyle\lim_{x \to 0} \frac{e^{3x} - 1}{e^{2x} - 1}$

定理 2.2 は分数形の極限を計算するのに有用であるが，例えば

$$\lim_{x \to 0} \frac{1 - \cos x}{x^2}$$

については

$$\lim_{x \to 0} (x^2)' = \lim_{x \to 0} 2x = 0$$

となり，(2.21) を満たしていない．しかし，このような場合でも，仮定

$$\lim_{x \to a} \frac{f'(x)}{g'(x)} \text{ が存在する} \qquad (2.22)$$

が満たされていれば，ロピタルの定理 2.2 が成り立つことが証明される．これを用いれば，分数形の極限について，不定形である限り分母と分子を別々に微分する操作を繰り返すことで，その極限値が求められる場合が多い．

例 2.12 $\displaystyle\lim_{x \to 0} \frac{1 - \cos x}{x^2} = \lim_{x \to 0} \frac{\sin x}{2x} = \lim_{x \to 0} \frac{\cos x}{2} = \frac{1}{2}$

問 2.22 次の極限値を求めよ．

(1) $\displaystyle\lim_{x \to 0} \frac{e^x - 1 - x}{x^2}$ (2) $\displaystyle\lim_{x \to 0} \frac{\sin x - x}{x^3}$

変数 x の値が限りなく大きくなるとき，関数 $f(x)$ の値が一定の値 α に近づくならば

$$\lim_{x \to \infty} f(x) = \alpha$$

と表す．記号 ∞ を正の**無限大**という．同様に，変数 x の値が負で，絶対値が限りなく大きくなることを $x \to -\infty$ と表す．

$x \to a$ のとき，関数 $f(x)$ の値が限りなく大きくなることを

$$\lim_{x \to a} f(x) = \infty$$

と表し，$f(x)$ は無限大に**発散する**という．$-\infty$ の場合も同様である．

ロピタルの定理は，形式的に

$$\lim_{x \to a} \frac{f(x)}{g(x)} = \frac{\infty}{\infty}, \qquad \lim_{x \to \infty} \frac{f(x)}{g(x)} = \frac{0}{0}, \qquad \lim_{x \to \infty} \frac{f(x)}{g(x)} = \frac{\infty}{\infty}$$

の不定形にも適用できることが知られている．

例 2.13 $\displaystyle \lim_{x \to \infty} \frac{\log x}{x} = \lim_{x \to \infty} \frac{(\log x)'}{(x)'} = \lim_{x \to \infty} \frac{\dfrac{1}{x}}{1} = \lim_{x \to \infty} \frac{1}{x} = 0$

問 2.23 次の極限値を求めよ．

(1) $\displaystyle \lim_{x \to \infty} \frac{\log x}{\sqrt{x}}$ (2) $\displaystyle \lim_{x \to \infty} \frac{x^2}{e^x}$ (3) $\displaystyle \lim_{x \to \infty} \frac{\log(x^2 + 1)}{\log x}$

2.6.5 極大・極小

関数 $f(x)$ の定義域内の点 a において，a の近くにあって a とは異なる任意の x に対して

$$f(a) > f(x) \tag{2.23}$$

が成り立つとき，$f(x)$ は $x = a$ で**極大**であるといい，$f(a)$ を**極大値**という．

同様に

$$f(a) < f(x) \tag{2.24}$$

が成り立つとき，$f(x)$ は $x = a$ で**極小**であるといい，$f(a)$ を**極小値**という．極大値と極小値を合わせて**極値**という．

関数 $f(x)$ が a を含むある区間で微分可能であるとき，次の公式が成り立つ．

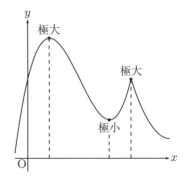

公式 2.8 (極値の必要条件)

関数 $f(x)$ が $x = a$ で極値をとるならば $f'(a) = 0$

[証明] 極大値をとる場合, (2.23) より $f(x) - f(a) < 0$ となるから

$$x > a \text{ のとき} \quad \frac{f(x) - f(a)}{x - a} < 0 \tag{1}$$

$$x < a \text{ のとき} \quad \frac{f(x) - f(a)}{x - a} > 0 \tag{2}$$

$f'(a) = \lim_{x \to a} \dfrac{f(x) - f(a)}{x - a}$ だから

$$(1) \text{ より} \quad f'(a) \leqq 0, \qquad (2) \text{ より} \quad f'(a) \geqq 0$$

したがって, $f'(a) = 0$ である. 極小値をとる場合も同様に示される. □

逆に, $f'(a) = 0$ であるとき, 実際に極値をとるかを調べよう.
$f(x)$ は開区間 I で微分可能とする. このとき, 次の公式が成り立つ.

公式 2.9

開区間 I のすべての x について
(1) $f'(x) > 0$ ならば, $f(x)$ は I で単調に増加する.
(2) $f'(x) < 0$ ならば, $f(x)$ は I で単調に減少する.

[証明] (1) を示す.
区間 I 内に 2 点 x_1, x_2 $(x_1 < x_2)$ をとると, 平均値の定理より

$$f(x_2) - f(x_1) = f'(c)(x_2 - x_1) \quad (x_1 < c < x_2)$$

を満たす c が存在する. c も区間 I の点だから $f'(c) > 0$
したがって

$$f(x_2) - f(x_1) > 0 \quad \text{すなわち} \quad f(x_1) < f(x_2)$$

となるから, $f(x)$ は単調に増加する. □

公式 2.8, 公式 2.9 を用いて極値が求められることを例題で示そう.

[例題 2.4]

$y = x^4 - 4x^3 - 20x^2 + 2$ の極値を求めよ.

[解] $y' = 4x^3 - 12x^2 - 40x = 4x(x^2 - 3x - 10) = 4x(x + 2)(x - 5)$
$y' = 0$ より $x = -2, 0, 5$
区間 $(-\infty, -2)$, $(-2, 0)$, $(0, 5)$, $(5, \infty)$ で, y' の符号はそれぞれ負, 正, 負, 正となるから, 増減は次の表 (**増減表**という) のようになる.

x	$\cdots$	-2	$\cdots$	0	$\cdots$	5	$\cdots$
y'	$-$	0	$+$	0	$-$	0	$+$
y	↘	極小	↗	極大	↘	極小	↗

したがって

$x = -2$ のとき　　極小値 -30

$x = 0$ のとき　　極大値 2

$x = 5$ のとき　　極小値 -373

をとる.　　　　　　　　　　　　　　　　　　　　　　　□

問 2.24　次の関数の極値を求めよ.

(1) $y = 2x^3 + 3x^2 - 12x + 5$ 　　　　　　(2) $y = 3x^4 - 8x^3$

[例題 2.5]

　関数 $y = x + \dfrac{1}{x}$ $(x > 0)$ の極値を求め, グラフをかけ.

[解]　$y' = 1 - \dfrac{1}{x^2} = \dfrac{x^2 - 1}{x^2} = \dfrac{(x+1)(x-1)}{x^2}$

$y' = 0$ より　$x = 1$

増減表は次のようになる.

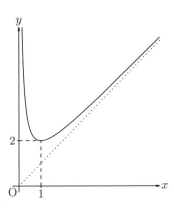

x	0	$\cdots$	1	$\cdots$
y'	×	$-$	0	$+$
y	×	↘	極小	↗

したがって, $x = 1$ のとき, 極小値 2 をとる.

　また

$$\lim_{x \to 0} \left(x + \frac{1}{x} \right) = \infty, \quad \lim_{x \to \infty} \left(x + \frac{1}{x} \right) = \infty$$

で, さらに $x \to \infty$ のとき $\dfrac{1}{x} \to 0$ となるから, グラフは直線 $y = x$ に限りなく近づく. すなわち, 直線 $y = x$ は $y = x + \dfrac{1}{x}$ の漸近線である. 以上より, グラフは図のようになる.　　　　　　　　　　　　　　　　　　　　　　　　□

問 2.25　次の関数の極値を求め, グラフをかけ.

(1) $y = \dfrac{x^2 + 3}{x + 1}$ 　$(x > -1)$ 　　　　　　(2) $y = \dfrac{x^2 + x + 1}{e^x}$

2.7 補説：公式と定理の証明

2.7.1 合成関数の微分公式 (公式 2.7)

$\varphi(\xi) \neq \varphi(x)$ と仮定せずに，31 ページの公式 2.7 を証明する．

$f(u)$ の微分可能性から，ζ を変数とする関数 $g(\zeta)$ を

$$g(\zeta) = \begin{cases} \dfrac{f(\zeta) - f(u)}{\zeta - u} - f'(u) & (\zeta \neq u \text{ のとき}) \\ 0 & (\zeta = u \text{ のとき}) \end{cases}$$

とおくと，$\displaystyle\lim_{\zeta \to u} g(\zeta) = 0$ であり，$\zeta = u$ の場合も含めて

$$f(\zeta) - f(u) = (f'(u) + g(\zeta))(\zeta - u)$$

と表すことができる．したがって，$\zeta = \varphi(\xi)$ とおくと

$$\frac{dy}{dx} = \lim_{\xi \to x} \frac{f(\varphi(\xi)) - f(\varphi(x))}{\xi - x} = \lim_{\xi \to x} \frac{f(\zeta) - f(u)}{\xi - x}$$
$$= \lim_{\xi \to x} \frac{\zeta - u}{\xi - x}(f'(u) + g(\zeta))$$

と表される．ここで，導関数の定義から

$$\lim_{\xi \to x} \frac{\zeta - u}{\xi - x} = \lim_{\xi \to x} \frac{\varphi(\xi) - \varphi(x)}{\xi - x} = \varphi'(x)$$

また，$\varphi(x)$ は連続で，$\xi \to x$ のとき $\varphi(\xi) \to \varphi(x)$ となるから

$$\lim_{\xi \to x} g(\zeta) = \lim_{\zeta \to u} g(\zeta) = 0$$

よって

$$\frac{dy}{dx} = \lim_{\xi \to x} \frac{\zeta - u}{\xi - x} \times \lim_{\xi \to x} (f'(u) + g(\zeta)) = f'(u)\varphi'(x) \qquad \square$$

2.7.2 平均値の定理 (定理 2.1)

閉区間で連続な関数は，その区間内に最大値 (最小値) をとる点が少なくとも 1 つ存在することが知られている．このことを用いて，次の定理を証明する．

定理 2.3 (ロルの定理)　関数 $f(x)$ は閉区間 $[a, b]$ で連続で，開区間 (a, b) で微分可能とする．さらに，$f(a) = f(b)$ を満たすならば

$$f'(c) = 0 \quad (a < c < b)$$

を満たす点 c が少なくとも 1 つ存在する．

ロル，Rolle
(1652-1719)

[証明] 最大値・最小値がともに $f(a)$ で
ある場合は，$[a, b]$ 内のすべての点 x で
$f(x) = f(a)$，すなわち関数 $f(x)$ は定数関
数となるから，定理は成り立つ.
最大値が $f(a)$ に等しくない場合は，定理
3.1 より，最大値をとる点 c が区間 (a, b)
に存在する．このとき，任意の x に対して
$f(x) \leqq f(c)$ となるから

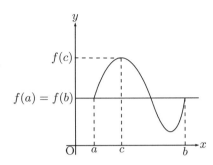

$$\lim_{x \to c+0} \frac{f(x) - f(c)}{x - c} \leqq 0$$

$$\lim_{x \to c-0} \frac{f(x) - f(c)}{x - c} \geqq 0$$

これらの極限はいずれも $f'(c)$ になるから，$f'(c) = 0$ が成り立つ．最小値が $f(a)$ に
等しくない場合も同様に証明される.   □

ロルの定理を用いて，33 ページの定理 2.1 を証明する.

$$m = \frac{f(b) - f(a)}{b - a} \text{ とおき,}$$

$$F(x) = f(x) - f(a) - m(x - a)$$

と定める．$F(x)$ は $[a, b]$ で連続，(a, b) で微分可能であり，$F(a) = F(b) = 0$
を満たすから，ロルの定理より $F'(c) = 0$ $(a < c < b)$ となる点 c が少なくと
も 1 つ存在する.

$$F'(x) = f'(x) - m$$

よって，$F'(c) = 0$ と合わせて

$$f'(c) - m = 0 \qquad \therefore \quad f'(c) = m = \frac{f(b) - f(a)}{b - a} \qquad □$$

2.7.3 ロピタルの定理 (定理 2.2)

まず，次の定理を証明する.

定理 2.4 (コーシーの平均値の定理) 関数 $f(x), g(x)$ は閉区間 $[a, b]$ で連
続，開区間 (a, b) で微分可能とする．さらに，(a, b) 内のすべての点 x で
$g'(x) \neq 0$ とする．このとき

$$\frac{f(b) - f(a)}{g(b) - g(a)} = \frac{f'(c)}{g'(c)} \quad (a < c < b)$$

を満たす点 c が少なくとも 1 つ存在する.

コーシー，Cauchy
(1789-1857)

[証明] $g(a) = g(b)$ のとき，ロルの定理より $g'(\xi) = 0$ となる ξ $(a < \xi < b)$ が存在するが，これは仮定に反する．したがって $g(b) - g(a) \neq 0$ である．

$m = \dfrac{f(b) - f(a)}{g(b) - g(a)}$ とおき，関数 $F(x)$ を次のように定める．

$$F(x) = f(x) - f(a) - m\{g(x) - g(a)\} \tag{1}$$

$F(x)$ は $[a, b]$ で連続，(a, b) で微分可能であり，$F(a) = F(b) = 0$ を満たすから，ロルの定理より

$$F'(c) = f'(c) - mg'(c) = 0 \quad (a < c < b)$$

となる c が少なくとも 1 つ存在する．これを変形して

$$\frac{f'(c)}{g'(c)} = m = \frac{f(b) - f(a)}{g(b) - g(a)} \qquad \square$$

定理 2.4 を用いると，35 ページの定理 2.2 は

$$\lim_{x \to a} \frac{f'(x)}{g'(x)} \text{ が存在する}$$

という仮定のもとに，次のように証明される．

$f(a) = g(a) = 0$ に注意すると，定理 2.4 より

$$\frac{f(x)}{g(x)} = \frac{f'(c)}{g'(c)}$$

を満たす c が a と x の間に存在する．$x \to a$ のとき $c \to a$ となるから

$$\lim_{x \to a} \frac{f(x)}{g(x)} = \lim_{c \to a} \frac{f'(c)}{g'(c)}$$

したがって，定理が成り立つ． $\qquad \square$

章末問題 2

— A —

2.1 次の関数を微分せよ.

(1) $y = (x^3 - x + 1)(x^2 + x)$

(2) $y = \dfrac{x - 2}{x - 1}$

(3) $y = \dfrac{x + 3}{x^2 + 1}$

(4) $y = (2x + 3)^4$

(5) $y = \dfrac{1}{(3x + 4)^2}$

(6) $y = \sqrt{2x + 1}$

(7) $y = \dfrac{1}{\sqrt{2x + 1}}$

(8) $y = \tan\left(2x + \dfrac{\pi}{3}\right)$

(9) $y = e^{-2x+1}$

2.2 次の関数を微分せよ.

(1) $y = e^x \log x$

(2) $y = e^{-2x} \cos 3x$

(3) $y = e^{-\sqrt[3]{x}}$

(4) $y = e^{\sin x}$

(5) $y = \dfrac{e^x + 1}{e^x - 1}$

(6) $y = \dfrac{\log x}{x}$

(7) $y = \cos^3 x$

(8) $y = \tan^2 x$

(9) $y = (\log x)^2$

2.3 次の関数を微分せよ.

(1) $y = \log |\log x|$

(2) $y = \log |\cos x|$

(3) $y = \dfrac{\log(1 + x)}{x}$

(4) $y = \sqrt{\dfrac{x - 1}{x + 1}}$

(5) $y = \sqrt{x + \sqrt{x}}$

(6) $y = \dfrac{\sqrt{x}}{x + 1}$

2.4 次の関数の第 2 次導関数を求めよ.

(1) $y = \tan x$

(2) $y = e^{x^2}$

(3) $y = \log |x|$

2.5 次の極限値を求めよ.

(1) $\displaystyle \lim_{x \to 0} \dfrac{e^x - e^{-x}}{\sin x}$

(2) $\displaystyle \lim_{x \to 0} \dfrac{1 - \cos x}{x^2}$

(3) $\displaystyle \lim_{x \to 1} \dfrac{\log x}{\sin \pi x}$

2.6 次の関数の極値を求めよ.

(1) $y = x^3 - 3x^2 - 9x + 2$

(2) $y = 3x^4 - 8x^3 - 6x^2 + 24x + 5$

2.7 次の関数の極値を求め, グラフをかけ.

(1) $y = (x^2 - 3x + 1)\, e^x$

(2) $y = 2\cos x + x \quad (0 \leqq x \leqq 2\pi)$

(3) $y = \sin^2 x \quad (0 \leqq x \leqq 2\pi)$

(4) $y = x^2 + \dfrac{2}{x} \quad (x \neq 0)$

— B —

2.8 左辺の ( ) の中の関数を微分して, 右辺の関数になることを示せ. ただし, a は 0 でない定数とする.

(1) $\left(\dfrac{1}{2} \log \dfrac{1 - \cos x}{1 + \cos x}\right)' = \dfrac{1}{\sin x}$

(2) $\left(\dfrac{1}{2} \log \dfrac{1 + \sin x}{1 - \sin x}\right)' = \dfrac{1}{\cos x}$

(3) $\left(\dfrac{1}{2a} \log \left|\dfrac{x - a}{x + a}\right|\right)' = \dfrac{1}{x^2 - a^2}$

(4) $\left(\log \left|x + \sqrt{x^2 + a}\right|\right)' = \dfrac{1}{\sqrt{x^2 + a}}$

2.9 自然対数の底 e は $\displaystyle \lim_{x \to 0} \dfrac{e^x - 1}{x} = 1$ を満たす数であった. $e^x - 1 = t$ とおくことにより, 次の式を示せ.

$$\lim_{t \to 0} \dfrac{\log(t + 1)}{t} = 1, \qquad e = \lim_{t \to 0} (1 + t)^{\frac{1}{t}}$$

3

積 分 法

3.1 不 定 積 分

3.1.1 不定積分の定義と性質

関数 $f(x)$ について
$$F'(x) = f(x) \tag{3.1}$$

を満たす関数 $F(x)$ を $f(x)$ の**不定積分**といい，次のように表す．

$$\int f(x)\,dx$$

例 **3.1** $f(x) = 2x + 1$ について
$$(x^2 + x)' = 2x + 1 = f(x), \qquad (x^2 + x + 3)' = 2x + 1 = f(x)$$

したがって，関数 $x^2 + x$ および $x^2 + x + 3$ はいずれも $f(x)$ の不定積分である．

例 3.1 のように，関数 $f(x)$ の不定積分は 1 つではない．すなわち，$F(x)$ が $f(x)$ の 1 つの不定積分とすると，任意の定数 C について
$$\bigl\{F(x) + C\bigr\}' = F'(x) = f(x)$$

となるから，関数 $F(x) + C$ も $f(x)$ の不定積分である．

逆に，$F(x)$，$G(x)$ がともに $f(x)$ の不定積分とすると
$$\bigl\{G(x) - F(x)\bigr\}' = G'(x) - F'(x) = f(x) - f(x) = 0$$

34 ページの例題 2.3 より，微分して常に 0 となる関数は定数関数に限るから
$$G(x) = F(x) + C \quad (C \text{ は定数})$$

が成り立つ．一般に，関数 $f(x)$ の不定積分の 1 つを $F(x)$ とおくと
$$\int f(x)\,dx = F(x) + C$$

である．任意定数 C を**積分定数**という．$f(x)$ の不定積分を求めることを，$f(x)$ を**積分する**という．また，$f(x)$ のことを**被積分関数**という．

例 3.2 $\displaystyle \int 2x\,dx = x^2 + C, \quad \int 1\,dx = x + C$

注 $\displaystyle \int 1\,dx$ は $\displaystyle \int dx$ と書くことが多い．

問 3.1 次の不定積分を求めよ．

(1) $\displaystyle \int x\,dx$ (2) $\displaystyle \int x^2\,dx$ (3) $\displaystyle \int \cos x\,dx$

3.1.2 不定積分の公式

2 章の導関数の公式を用いて，不定積分の公式を導こう．ただし，積分定数を C とおく．

まず，べき関数 $y = x^p$ について，23 ページの (2.7) より

$$(x^p)' = px^{p-1}$$

すなわち，$p \neq 0$ のとき，$\left(\dfrac{1}{p}x^p\right)' = x^{p-1}$ となるから

$$\int x^{p-1}\,dx = \frac{1}{p}x^p + C$$

$p - 1 = \alpha$ とおくと，次の公式が得られる．

$$\int x^{\alpha}\,dx = \frac{1}{\alpha + 1}x^{\alpha + 1} + C \quad (\alpha \neq -1 \text{ のとき}) \tag{3.2}$$

また，30 ページの (2.11) より，$\left(\log|x|\right)' = \dfrac{1}{x} = x^{-1}$ だから

$$\int x^{-1}\,dx = \int \frac{dx}{x} = \log|x| + C \tag{3.3}$$

(3.3) の左辺は (3.2) の左辺の α を -1 とした場合である．

次に，29 ページの公式 2.5 より，$(e^x)' = e^x$ だから

$$\int e^x\,dx = e^x + C \tag{3.4}$$

すなわち，指数関数 e^x は，微分しても積分しても変わらない．これは e^x の重要な性質である．

三角関数については，26 ページの公式 2.4 より

$$(\sin x)' = \cos x, \quad (-\cos x)' = \sin x, \quad (\tan x)' = \frac{1}{\cos^2 x}$$

したがって

$$\int \cos x \, dx = \sin x + C, \quad \int \sin x \, dx = -\cos x + C, \tag{3.5}$$

$$\int \frac{dx}{\cos^2 x} = \tan x + C \tag{3.6}$$

これらをまとめて，次の不定積分の公式が得られる．

公式 3.1 ━━━━━━━━━━━━━━━━━━━━━━━━━

積分定数を C とおくとき

(1) $\displaystyle\int x^\alpha \, dx = \frac{1}{\alpha + 1} x^{\alpha+1} + C \quad (\alpha \neq -1)$ 　特に 　$\displaystyle\int dx = x + C$

(2) $\displaystyle\int x^{-1} \, dx = \int \frac{dx}{x} = \log |x| + C$

(3) $\displaystyle\int e^x \, dx = e^x + C$

(4) $\displaystyle\int \cos x \, dx = \sin x + C, \quad \int \sin x \, dx = -\cos x + C$

(5) $\displaystyle\int \frac{dx}{\cos^2 x} = \tan x + C$

━━━━━━━━━━━━━━━━━━━━━━━━━━━━━━━━

注　$\sin x$, $\cos x$, $\tan x$ の逆数をそれぞれ**余割, 正割, 余接**といい

$$\operatorname{cosec} x = \frac{1}{\sin x}, \quad \sec x = \frac{1}{\cos x}, \quad \cot x = \frac{1}{\tan x} = \frac{\cos x}{\sin x}$$

余割，cosecant

正割，secant

余接，cotangent

と表す．これらを用いると，(5) は次のように表される．

$$\int \frac{dx}{\cos^2 x} = \int \sec^2 x \, dx = \tan x + C$$

例 3.3　$\displaystyle\int \frac{dx}{x^2} = \int x^{-2} \, dx = -x^{-1} + C = -\frac{1}{x} + C$

$\displaystyle\int \frac{dx}{\sqrt{x}} = \int x^{-\frac{1}{2}} \, dx = 2x^{\frac{1}{2}} + C = 2\sqrt{x} + C$

問 3.2　次の不定積分を求めよ．

(1) $\displaystyle\int \frac{dx}{x^3}$ 　　　　(2) $\displaystyle\int \sqrt{x} \, dx$ 　　　　(3) $\displaystyle\int x\sqrt{x} \, dx$ 　　　　(4) $\displaystyle\int \frac{dx}{x\sqrt{x}}$

問 3.3　次の公式を示せ．

$$\int \frac{dx}{\sin^2 x} \, dx = -\frac{\cos x}{\sin x} + C = -\cot x + C$$

2章の導関数の性質より，不定積分について次の性質が成り立つ.

公式 3.2 ━━━━━━━━━━━━━━━━━━━━━━━━━━━━━━━━━━

$$(1) \quad \int \{f(x) + g(x)\} \, dx = \int f(x) \, dx + \int g(x) \, dx$$

$$(2) \quad \int k f(x) \, dx = k \int f(x) \, dx \qquad (k \text{ は定数})$$

問 3.4　次の不定積分を求めよ.

(1) $\displaystyle \int 3x \, dx - \int 2 \, dx$ $\qquad\qquad$ (2) $\displaystyle \int (x^2 - 4x + 4) \, dx$

問 3.5　次の不定積分を求めよ.

(1) $\displaystyle \int (\sin x + 2 \cos x) \, dx$ $\qquad\qquad$ (2) $\displaystyle \int \left(e^x + \frac{1}{x} \right) dx$

[例題 3.1]

　次の不定積分を求めよ.

(1) $\displaystyle \int \frac{\sqrt{x} + 3}{x} \, dx$ $\qquad\qquad$ (2) $\displaystyle \int \tan^2 x \, dx$

[解]　(1) 与式 $= \displaystyle \int \left(\frac{1}{\sqrt{x}} + \frac{3}{x} \right) dx = \int x^{-\frac{1}{2}} \, dx + 3 \int \frac{dx}{x} = 2\sqrt{x} + 3 \log |x| + C$

　　　(2) $1 + \tan^2 x = \dfrac{1}{\cos^2 x}$ より　$\tan^2 x = \dfrac{1}{\cos^2 x} - 1$

　　　したがって

$$\text{与式} = \int \left(\frac{1}{\cos^2 x} - 1 \right) dx = \tan x - x + C \qquad \square$$

問 3.6　次の不定積分を求めよ.

(1) $\displaystyle \int \sqrt{x} \, (x + 1) \, dx$ $\qquad\qquad$ (2) $\displaystyle \int \frac{x + 1}{\sqrt{x}} \, dx$

(3) $\displaystyle \int \frac{(x - 1)^2}{x^2} \, dx$ $\qquad\qquad$ (4) $\displaystyle \int \frac{1 + \cos^3 x}{\cos^2 x} \, dx$

[例題 3.2]

　$f(x)$ の不定積分の 1 つを $F(x)$ とするとき，次の公式を示せ. ただし，a, b は定数で，$a \neq 0$ とする.

$$\int f(ax + b) \, dx = \frac{1}{a} F(ax + b) + C \tag{3.7}$$

[解]　$F'(x) = f(x)$ だから，27 ページの (2.8) より

$$F'(ax + b) = a f(ax + b)$$

　したがって，公式が成り立つ. $\qquad \square$

注　合成関数の微分を用いると次のようになる.

$$\left\{\frac{1}{a}F(ax+b)\right\}' = \frac{1}{a}F'(u)\,u' \qquad [ax+b=u \text{ とおいた}]$$

$$= \frac{1}{a}F'(u)\,(ax+b)' = f(u) = f(ax+b)$$

例 3.4　$\displaystyle\int \cos x\,dx = \sin x + C,\quad \int e^x\,dx = e^x + C$ だから

$$\int \cos(3x+1)\,dx = \frac{1}{3}\sin(3x+1)+C,\quad \int e^{2x}\,dx = \frac{1}{2}e^{2x}+C$$

問 3.7　次の不定積分を求めよ.

(1) $\displaystyle\int e^{-x}\,dx$　　(2) $\displaystyle\int \sin 2x\,dx$　　(3) $\displaystyle\int (x+1)^4\,dx$　　(4) $\displaystyle\int \frac{dx}{5x+2}$

3.2　定　積　分

3.2.1　定積分の定義

閉区間 $[a,\,b]$ で定義された関数 $y=f(x)$ について，y 軸に平行な直線 $x=a$，$x=b$ と x 軸および曲線 $y=f(x)$ で囲まれる図形の面積 S を考えよう. ただし，$a<b$ とし，区間 $[a,\,b]$ で $f(x) \geqq 0$ とする.

$[a,\,b]$ を n 個の小区間に分け，分点を次のようにおく.

$$a = x_0 < x_1 < x_2 < \cdots < x_n = b$$

また，各小区間の幅を $\Delta x_k = x_k - x_{k-1}\ (k=1,\,2,\,\cdots,\,n)$ とおく. 各 k について，直線 $x=x_{k-1}$，$x=x_k$，x 軸および曲線 $y=f(x)$ で囲まれる図形の面積は，小区間 $[x_{k-1},\,x_k]$ 内の 1 点を ξ_k とするとき

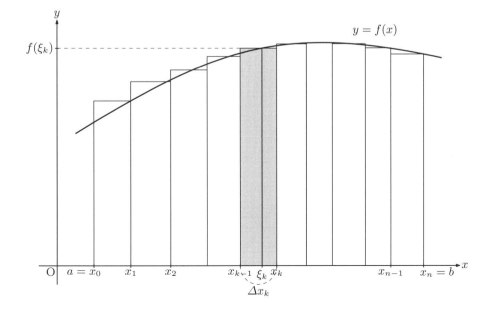

$$f(\xi_k)\,\Delta x_k$$

で近似される．したがって，これらの k についての和

$$S_n = \sum_{k=1}^{n} f(\xi_k)\,\Delta x_k$$

をとると，面積 S は S_n で近似される．

　すべての Δx_k が限りなく 0 に近づくように，分割数 n を限りなく大きくするとき，分点と点 ξ_k のとりかたによらず，S_n が一定の値に近づくならば，$f(x)$ は $[a,\ b]$ において**積分可能**といい，その値を $\displaystyle\int_a^b f(x)\,dx$ で表し，関数 $f(x)$ の $\boldsymbol{a}$ から $\boldsymbol{b}$ までの**定積分**という．区間 $[a,\ b]$ を**積分区間**という．

$\Delta x_k \to 0$ はすべての Δx_k を限りなく 0 に近づけることの意味とする

$$\int_a^b f(x)\,dx = \lim_{\Delta x_k \to 0} \sum_{k=1}^{n} f(\xi_k)\,\Delta x_k \tag{3.8}$$

　注　区間 $[a,\ b]$ で連続な関数は，積分可能であることが知られている．

　上の定積分の値を求めることを $f(x)$ を a から b まで**積分する**といい，$f(x)$ を**被積分関数**，x を**積分変数**という．定義から，次の等式が成り立つ．

$$\int_a^b f(x)\,dx = S$$

　区間 $[a,\ b]$ で必ずしも正でない関数 $f(x)$ の定積分も (3.8) で定義される．特に，$[a,\ b]$ で $f(x) \leqq 0$ の場合は，次のようになる．

$$\int_a^b f(x)\,dx = -S$$

　また，次のように定める．

$$\int_a^a f(x)\,dx = 0, \qquad \int_b^a f(x)\,dx = -\int_a^b f(x)\,dx$$

［例題 3.3］

　定積分の定義式 (3.8) を用いて，$\displaystyle\int_0^1 x\,dx$ を求めよ．

［解］　$f(x) = x$ は連続だから積分可能である．
　　区間 $[0,\ 1]$ を n 等分すると

$$x_k = \frac{k}{n} \quad (k = 0,\ 1,\ \cdots,\ n)$$
$$\Delta x_k = \frac{1}{n}$$

また，$\xi_k = x_k$ にとると

$$f(\xi_k) = f(x_k) = \frac{k}{n}$$

$n \to \infty$ のとき，$\Delta x_k \to 0$ となるから

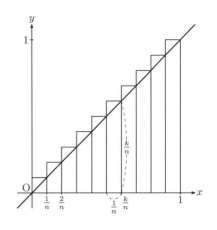

$$\int_0^1 x\,dx = \lim_{n \to \infty} \sum_{k=1}^n \frac{k}{n} \cdot \frac{1}{n}$$

$$= \lim_{n \to \infty} \frac{1}{n^2} \sum_{k=1}^n k$$

$$= \lim_{n \to \infty} \frac{1}{n^2} \frac{n(n+1)}{2}$$

$$= \lim_{n \to \infty} \frac{1}{2}\Big(1 + \frac{1}{n}\Big) = \frac{1}{2} \qquad \square$$

問 3.8 定数関数 $y = c$ の区間 $[a,\ b]$ での定積分について，次の問いに答えよ．

(1) 例題 3.3 と同様に，区間 $[a,\ b]$ を n 等分するとき，Δx_k はどうなるか．

(2) 次の公式を示せ．

$$\int_a^b c\,dx = c\,(b - a)$$

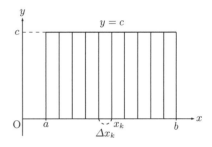

3.2.2　定積分の性質

定積分の定義式 (3.8) より，定積分について次の性質が得られる．

公式 3.3 ━━━━━━━━━━━━━━━━━━━━━━━━━━━━━━

$f(x),\ g(x)$ が積分可能のとき

(1) $\displaystyle \int_a^b \{f(x) + g(x)\}\,dx = \int_a^b f(x)\,dx + \int_a^b g(x)\,dx$

(2) $\displaystyle \int_a^b k\,f(x)\,dx = k \int_a^b f(x)\,dx \qquad (k \text{ は定数})$

(3) $\displaystyle \int_a^b f(x)\,dx = \int_a^c f(x)\,dx + \int_c^b f(x)\,dx$

(4) $f(x) \geqq g(x),\ a < b$ のとき　$\displaystyle \int_a^b f(x)\,dx \geqq \int_a^b g(x)\,dx$

━━━━━━━━━━━━━━━━━━━━━━━━━━━━━━━━━━━━━━

［証明］　(1) を示す．

$$\int_a^b \{f(x) + g(x)\}\,dx = \lim_{\Delta x_k \to 0} \sum_{k=1}^n \{f(\xi_k) + g(\xi_k)\}\,\Delta x_k$$

$$= \lim_{\Delta x_k \to 0} \sum_{k=1}^{n} f(\xi_k)\,\Delta x_k + \lim_{\Delta x_k \to 0} \sum_{k=1}^{n} g(\xi_k)\,\Delta x_k$$

$$= \int_a^b f(x)\,dx + \int_a^b g(x)\,dx$$

(3) $a < c < b$ のときは，区間 $[a,\ b]$ を $[a,\ c]$ と $[c,\ b]$ に分ければよい．
その他の場合，例えば $a < b < c$ とすると

$$\int_a^c f(x)\,dx = \int_a^b f(x)\,dx + \int_b^c f(x)\,dx$$

より

$$\int_a^b f(x)\,dx = \int_a^c f(x)\,dx - \int_b^c f(x)\,dx$$

$$= \int_a^c f(x)\,dx + \int_c^b f(x)\,dx$$

$c < a < b$ の場合も同様に証明される． □

問 3.9　公式 3.3，例題 3.3，問 3.8 を用いて，次の定積分の値を求めよ．

$$\int_0^1 (2x+3)\,dx$$

3.3　定積分と不定積分の関係

　定積分は (3.8) で定義されるが，この定義式により実際に定積分を計算する
のは容易ではない．しかし，不定積分を用いることで，いろいろな関数の定積
分の値が求められるようになる．本節では，その方法を説明しよう．

3.3.1　連続関数についての定理

　閉区間 $[a,\ b]$ で連続である関数 $f(x)$ について，次の定理が知られている．

定理 3.1 (最大値・最小値の存在)　関数 $f(x)$ が閉区間 $[a,\ b]$ で連続なら
ば，最大値 (最小値) をとる点が区間内に少なくとも 1 つ存在する．

定理 3.2 (中間値の定理)　関数 $f(x)$ が閉区間 $[a,\ b]$ で連続で，$f(a) \neq f(b)$
のとき，$f(a)$ と $f(b)$ の間の任意の値 k について

$$f(c) = k \quad (a < c < b)$$

を満たす点 c が少なくとも 1 つ存在する．

定理 3.2 の意味は次の通りである．閉区間 $[a, b]$ で連続である関数 $f(x)$ の
グラフでは両端の点 $(a, f(a))$, $(b, f(b))$
が切れ目なくつながっている．したがっ
て，$f(a)$ と $f(b)$ の間の k に対して，直
線 $y = k$ はこのグラフと必ず共有点をも
つことになる．

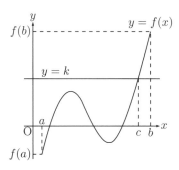

特に，$f(a)$ と $f(b)$ が異符号のときは，
方程式 $f(x) = 0$ の解が少なくとも 1 つ
存在する．

3.3.2 定積分についての平均値の定理

関数 $f(x)$ は閉区間 $[a, b]$ で連続とする．このとき，定理 3.1 より，閉区間
$[a, b]$ で $f(x)$ の最大値 M および最小値 m が存在する．すなわち，$[a, b]$ で次
の不等式が成り立つ．

$$m \leqq f(x) \leqq M$$

各項を a から b まで積分すると，49 ページの公式 3.3 (4) より

$$\int_a^b m \, dx \leqq \int_a^b f(x) \, dx \leqq \int_a^b M \, dx$$

$$m(b - a) \leqq \int_a^b f(x) \, dx \leqq M(b - a) \tag{3.9}$$

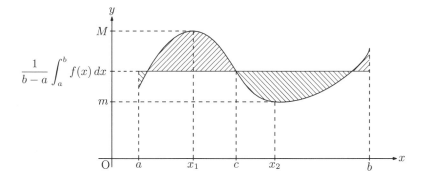

(3.9) の各項を $b - a$ で割って

$$m \leqq \frac{1}{b - a} \int_a^b f(x) \, dx \leqq M$$

したがって，m および M となる 2 点を両端とする区間に 50 ページの定理 3.2
を適用すると

$$\frac{1}{b - a} \int_a^b f(x) \, dx = f(c)$$

となる c が区間 (a, b) 内に存在することがわかる．

これから，次の定積分についての平均値の定理が得られる．

定理 3.3　$f(x)$ が区間 $[a,\,b]$ で連続のとき

$$\int_a^b f(x)\,dx = f(c)\,(b-a) \qquad (a < c < b)$$

を満たす点 c が少なくとも 1 つ存在する．

3.3.3　微分積分学の基本定理

区間 $[a,\,b]$ 内の 1 点 x について，$f(t)$ の a から x までの定積分の値

$$\int_a^x f(t)\,dt$$

は x の関数となる．このとき，定理 3.3 を用いて，次の**微分積分学の基本定理**が証明される．

定理 3.4　$f(x)$ が区間 $[a,\,b]$ で連続のとき

$$\frac{d}{dx}\int_a^x f(t)\,dt = f(x)$$

[証明]　$S(x) = \displaystyle\int_a^x f(t)\,dt$ とおくと，

$$S(\xi) - S(x) = \int_a^\xi f(t)\,dt - \int_a^x f(t)\,dt = \int_x^\xi f(t)\,dt$$

ここで $\xi \neq x$ とすると，定理 3.3 より x と ξ の間にあって

$$\int_x^\xi f(t)\,dt = f(c)(\xi - x)$$

を満たす c が存在する．このとき

$$\frac{S(\xi) - S(x)}{\xi - x} = f(c)$$

$\xi \to x$ のとき，$c \to x$ となるから

$$S'(x) = \lim_{\xi \to x} \frac{S(\xi) - S(x)}{\xi - x}$$
$$= \lim_{c \to x} f(c) = f(x) \qquad \square$$

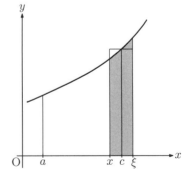

定理 3.3 は, $\displaystyle\int_a^x f(t)\,dt$ が $f(x)$ の不定積分 (の 1 つ) であることを意味して
いる. したがって, $F(x)$ も $f(x)$ の不定積分の 1 つであるとき

$$\int_a^x f(t)\,dt - F(x) = C \qquad (C\ は定数)$$

が成り立つ. ここで $x = a$ とおくと

$$0 - F(a) = C \quad すなわち \quad C = -F(a)$$

となるから

$$\int_a^x f(t)\,dt = F(x) + C = F(x) - F(a)$$

x, t をそれぞれ b, x と置き換えることにより, 次の定理が得られる.

定理 3.5 $F(x)$ が $f(x)$ の不定積分の 1 つであるとき

$$\int_a^b f(x)\,dx = F(b) - F(a)$$

注 右辺を $\left[F(x)\right]_a^b$ と表すことにする.

例 3.5 $\displaystyle\int (\sin x + \cos x)\,dx = -\cos x + \sin x + C$ だから

$$\int_0^\pi (\sin x + \cos x)\,dx = \left[-\cos x + \sin x\right]_0^\pi = -\cos \pi + \cos 0 = 2$$

問 3.10 次の定積分の値を求めよ.

(1) $\displaystyle\int_0^1 e^x\,dx$ 　　　　 (2) $\displaystyle\int_1^e \left(x + \frac{1}{x}\right)\,dx$ 　　　　 (3) $\displaystyle\int_0^{\frac{\pi}{3}} \frac{dx}{\cos^2 x}$

問 3.11 46 ページの (3.7) を用いて, 次の不定積分と定積分の値を求めよ.

(1) $\displaystyle\int (2x-1)^5\,dx$ 　　　　　　　　 (2) $\displaystyle\int_{\frac{1}{2}}^1 (2x-1)^5\,dx$

3.4 置換積分法

3.4.1 不定積分の置換積分法

関数 $f(t)$ の不定積分の 1 つをとり, $F(t)$ とおく.

$$F(t) = \int f(t)\, dt \tag{3.10}$$

また，関数 $t = \varphi(x)$ は微分可能とすると，合成関数の微分の公式より

$$\frac{d}{dx} F\big(\varphi(x)\big) = \frac{dF}{dt}\frac{d\varphi}{dx} \qquad [\varphi(x) = t \text{ とおく}]$$

$$= f(t)\frac{dt}{dx}$$

$$= f\big(\varphi(x)\big)\frac{d\varphi}{dx}$$

したがって，$F\big(\varphi(x)\big)$ は $f(\varphi(x))\dfrac{d\varphi}{dx}$ の不定積分 (の 1 つ) である．すなわち

$$\int f\big(\varphi(x)\big)\frac{d\varphi}{dx}\, dx = F\big(\varphi(x)\big)$$

ただし，積分定数 C は省略して表すことにする．右辺は (3.10) の t に $\varphi(x)$ を代入して得られるから，次の**置換積分**の公式が成り立つ．

公式 3.4 ━━━━━━━━━━━━━━━━━━━━━━━━━━━━━

$$\int f(\varphi(x))\frac{d\varphi}{dx}\, dx = \int f(t)\, dt \qquad [\varphi(x) = t \text{ とおく}]$$

━━━━━━━━━━━━━━━━━━━━━━━━━━━━━━━━━━━━━

　　注　形式的には，左辺で

$$\boldsymbol{\varphi(x) = t, \qquad \frac{dt}{dx}\, dx = dt}$$

とおくと，右辺が得られる．

[例題 3.4]

　　次の不定積分を求めよ．

(1) $\displaystyle\int \sin^3 x \cos x\, dx$ 　　　　　　　　(2) $\displaystyle\int (x+1)(x^2 + 2x + 3)^4\, dx$

[解]　(1) $\sin x = t$ とおくと

$$\frac{dt}{dx}\, dx = dt \quad \text{すなわち} \quad \cos x\, dx = dt$$

　　したがって

$$\int \sin^3 x \cos x\, dx = \int t^3\, dt$$

$$= \frac{1}{4}t^4 + C = \frac{1}{4}\sin^4 x + C$$

(2) $x^2 + 2x + 3 = t$ とおくと，$\dfrac{dt}{dx} = 2x + 2 = 2(x+1)$ より

$$2(x+1)\, dx = dt \quad \text{すなわち} \quad (x+1)\, dx = \frac{1}{2}\, dt$$

したがって

$$\int (x+1)(x^2+2x+3)^4\,dx = \int t^4 \frac{1}{2}\,dt$$
$$= \frac{1}{2}\cdot\frac{1}{5}t^5 + C$$
$$= \frac{1}{10}(x^2+2x+3)^5 + C \qquad \square$$

問 3.12 次の不定積分を求めよ.

(1) $\displaystyle\int x^2(x^3-2)^4\,dx$ \qquad (2) $\displaystyle\int \sin x \cos^2 x\,dx$

(3) $\displaystyle\int \frac{e^x}{e^x+1}\,dx$ \qquad (4) $\displaystyle\int \frac{\log x}{x}\,dx$

問 3.13 $\tan x = \dfrac{\sin x}{\cos x}$ において $\cos x = t$ とおくことにより，次の公式を示せ.

$$\int \tan x\,dx = -\log|\cos x| + C$$

注 同様に $\displaystyle\int \cot x\,dx = \int \frac{1}{\tan x}\,dx = \int \frac{\cos x}{\sin x}\,dx = \log|\sin x| + C$ も示される.

［例題 3.5］

不定積分 $\displaystyle\int x\sqrt{2x+1}\,dx$ を求めよ.

［解］ $2x+1=t$ とおくと $2\,dx = dt$

また，$x = \dfrac{t-1}{2}$ と表されるから

$$\int x\sqrt{2x+1}\,dx = \int \frac{t-1}{2}\sqrt{t}\,\frac{1}{2}\,dt = \frac{1}{4}\int (t\sqrt{t}-\sqrt{t})\,dt$$
$$= \frac{1}{4}\left(\frac{2}{5}t^{\frac{5}{2}} - \frac{2}{3}t^{\frac{3}{2}}\right) + C = \frac{1}{30}(3t-5)t\sqrt{t} + C$$
$$= \frac{1}{15}(3x-1)(2x+1)\sqrt{2x+1} + C \qquad \square$$

問 3.14 次の不定積分を求めよ.

(1) $\displaystyle\int x(x-1)^4\,dx$ \qquad (2) $\displaystyle\int \frac{x}{(x+2)^2}\,dx$ \qquad (3) $\displaystyle\int \frac{x}{\sqrt{1-x}}\,dx$

3.4.2 定積分の置換積分法

関数 $\varphi(x)$ は区間 $[a,\,b]$ で微分可能とし，$F(t) = \displaystyle\int f(t)\,dt$ とおく.

このとき，公式 3.4 と定理 3.5 より

$$\int_a^b f\big(\varphi(x)\big)\varphi'(x)\,dx = \Big[F(t)\Big]_{\varphi(a)}^{\varphi(b)} = \int_{\varphi(a)}^{\varphi(b)} f(t)\,dt$$

したがって

$$\varphi(x) = t, \qquad \frac{dt}{dx}\,dx = dt$$

とし，積分区間を $\big[\varphi(a),\,\varphi(b)\big]$ に変更すれば，x に戻さずに計算できる．

例 3.6 $\displaystyle \int_0^{\frac{\pi}{2}} \cos x\sqrt{\sin x + 1}\,dx$

$\sin x + 1 = t$ とおくと　$\cos x\,dx = dt$
また，t の積分区間は $[1,\,2]$ となる．

x	$0 \to \dfrac{\pi}{2}$
t	$1 \to 2$

$$\int_0^{\frac{\pi}{2}} \cos x\sqrt{\sin x + 1}\,dx = \int_1^2 \sqrt{t}\,dt = \left[\frac{2}{3}\,t\sqrt{t}\right]_1^2 = \frac{2(2\sqrt{2}-1)}{3}$$

問 3.15　次の定積分の値を求めよ．

(1) $\displaystyle \int_0^1 x(x^2+1)^3\,dx$ 　　　(2) $\displaystyle \int_1^e \frac{(\log x)^2}{x}\,dx$ 　　　(3) $\displaystyle \int_0^{\frac{\pi}{2}} \frac{\cos x}{\sqrt{\sin x + 1}}\,dx$

3.5　部分積分法

3.5.1　不定積分の部分積分法

　本節では，微分を y' のように表す．また，不定積分は，その1つを表すことにして，積分定数を省略する．

　関数 $f(x),\ g(x)$ はともに微分可能で，関数 $F(x),\ G(x)$ はそれぞれ関数 $f(x),\ g(x)$ の不定積分の1つとする．このとき，積の微分公式より

$$\big\{f(x)G(x)\big\}' = f'(x)G(x) + f(x)G'(x) = f'(x)G(x) + f(x)g(x)$$

したがって

$$\int \big\{f'(x)G(x) + f(x)g(x)\big\}\,dx = f(x)G(x)$$

である．変形すると

$$\int f(x)g(x)\,dx = f(x)G(x) - \int f'(x)G(x)\,dx$$

が成り立つ．同様に，$F(x)g(x)$ を微分することにより，次の**部分積分**の公式が得られる．

公式 3.5 ━━━━━━━━━━━━━━━━━━━━━━━━━━━━

$$\int f(x)\,dx = F(x), \ \int g(x)\,dx = G(x) \text{ とおくと}$$

$$\int f(x)g(x)\,dx = f(x)G(x) - \int f'(x)G(x)\,dx$$

$$= F(x)g(x) - \int F(x)g'(x)\,dx$$

[例題 3.6]

次の不定積分を求めよ.

(1) $\displaystyle\int x \sin x\,dx$ (2) $\displaystyle\int \log x\,dx$

[解] (1) $\displaystyle\int \sin x\,dx = -\cos x$ だから

$$\int x \sin x\,dx = x(-\cos x) - \int (x)'(-\cos x)\,dx$$

$$= -x\cos x + \int \cos x\,dx = -x\cos x + \sin x$$

(2) $\log x = 1 \cdot \log x$ と考えて, 公式 3.5 の第 2 式を用いる.

$$\int \log x\,dx = \int 1 \cdot \log x\,dx$$

$$= x\log x - \int x(\log x)'\,dx = x\log x - \int x \cdot \frac{1}{x}\,dx$$

$$= x\log x - \int dx = x\log x - x \qquad \square$$

問 3.16 次の不定積分を求めよ.

(1) $\displaystyle\int x \cos x\,dx$ (2) $\displaystyle\int x\,e^x\,dx$ (3) $\displaystyle\int x^2 \log x\,dx$

[例題 3.7]

不定積分 $\displaystyle\int x^2 e^{-2x}\,dx$ を求めよ.

[解] 46 ページの (3.7) より, $\displaystyle\int e^{-2x}\,dx = -\frac{1}{2}e^{-2x}$ である. これと部分積分法を繰り返して用いる.

$$\int x^2 e^{-2x}\,dx = x^2\left(-\frac{1}{2}e^{-2x}\right) - \int 2x\left(-\frac{1}{2}e^{-2x}\right)\,dx$$

$$= -\frac{1}{2}x^2 e^{-2x} + \int xe^{-2x}\,dx$$

$$= -\frac{1}{2}x^2 e^{-2x} + \left\{x\left(-\frac{1}{2}e^{-2x}\right) - \int \left(-\frac{1}{2}e^{-2x}\right)\,dx\right\}$$

$$= -\frac{1}{2}x^2 e^{-2x} - \frac{1}{2}xe^{-2x} - \frac{1}{4}e^{-2x} = -\frac{1}{4}\left(2x^2 + 2x + 1\right)e^{-2x} \quad \square$$

問 3.17   次の不定積分を求めよ.

(1) $\displaystyle\int x^2 \cos x \, dx$ (2) $\displaystyle\int x^3 \, e^{-x} \, dx$ (3) $\displaystyle\int x \, (\log x)^2 \, dx$

[例題 3.8]

不定積分 $\displaystyle\int e^{2x} \sin 3x \, dx$ を求めよ.

[解] 46 ページの (3.7) より, $\displaystyle\int e^{2x} \, dx = \frac{1}{2}e^{2x}$ である. これと部分積分法を繰り返して用いると

$$\int e^{2x} \sin 3x \, dx = \frac{1}{2}e^{2x} \sin 3x - \frac{1}{2}\int e^{2x}(\sin 3x)' \, dx$$

$$= \frac{1}{2}e^{2x} \sin 3x - \frac{3}{2}\int e^{2x} \cos 3x \, dx$$

$$= \frac{1}{2}e^{2x} \sin 3x - \frac{3}{2}\Big(\frac{1}{2}e^{2x} \cos 3x - \frac{1}{2}\int e^{2x}(\cos 3x)' \, dx\Big)$$

$$= \frac{1}{2}e^{2x} \sin 3x - \frac{3}{2}\Big(\frac{1}{2}e^{2x} \cos 3x + \frac{3}{2}\int e^{2x} \sin 3x \, dx\Big)$$

したがって, $I = \displaystyle\int e^{2x} \sin 3x \, dx$ とおくと

$$I = \frac{1}{2}e^{2x} \sin 3x - \frac{3}{2}\Big(\frac{1}{2}e^{2x} \cos 3x + \frac{3}{2}I\Big)$$

$$= \frac{1}{2}e^{2x} \sin 3x - \frac{3}{4}e^{2x} \cos 3x - \frac{9}{4}I$$

$$= \frac{1}{4}e^{2x}(2\sin 3x - 3\cos 3x) - \frac{9}{4}I$$

両辺に 4 を掛けて, I について解くと

$$I = \frac{e^{2x}}{13}\big(2\sin 3x - 3\cos 3x\big) \qquad\qquad\square$$

問 3.18   不定積分 $\displaystyle\int e^{3x} \cos 4x \, dx$ を求めよ.

3.5.2 定積分の部分積分法

関数 $f(x)$, $g(x)$ はともに区間 $[a,\ b]$ で微分可能で, $f'(x)$, $g'(x)$ も連続とし, $F(x) = \displaystyle\int f(x) \, dx$, $G(x) = \displaystyle\int g(x) \, dx$ とおく. このとき, 公式 3.5 より

$$\int f(x)g(x) \, dx = f(x)G(x) - \int f'(x)G(x) \, dx \tag{3.11}$$

また, $\displaystyle\int_a^x f'(t)G(t) \, dt$ は $f'(x)G(x)$ の不定積分, したがって, (3.11) より

$$f(x)G(x) - \int_a^x f'(t)G(t)\,dt$$

は，$f(x)g(x)$ の不定積分の 1 つとなるから

$$
\begin{aligned}
\int_a^b f(x)g(x)\,dx &= \left[f(x)G(x) - \int_a^x f'(t)G(t)\,dt \right]_a^b \\
&= \left[f(x)G(x) \right]_a^b - \left\{ \int_a^b f'(t)G(t)\,dt - \int_a^a f'(t)G(t)\,dt \right\} \\
&= \left[f(x)G(x) \right]_a^b - \int_a^b f'(t)G(t)\,dt
\end{aligned}
$$

右辺の t を x で置き換えることにより，定積分の部分積分の公式が得られる．

公式 3.6

$F(x) = \displaystyle\int f(x)\,dx,\ G(x) = \int g(x)\,dx$ とおくと

$$\int_a^b f(x)g(x)\,dx = \left[f(x)G(x) \right]_a^b - \int_a^b f'(x)G(x)\,dx$$

例 3.7 $\displaystyle\int_0^\pi x\sin x\,dx = \left[x(-\cos x) \right]_0^\pi - \int_0^\pi (-\cos x)\,dx = \pi + \left[\sin x \right]_0^\pi = \pi$

問 3.19 次の定積分の値を求めよ．ただし，(2),(3) では，46 ページの (3.7) を用いて，まず $\displaystyle\int \cos 2x\,dx,\ \int e^{-x}\,dx$ を求めよ．

(1) $\displaystyle\int_0^1 x\,e^x\,dx$ (2) $\displaystyle\int_0^{\frac{\pi}{2}} x\cos 2x\,dx$ (3) $\displaystyle\int_0^1 x^2 e^{-x}\,dx$

3.6 積分法の応用

3.6.1 面　　積

$a < b$ とし，区間 $[a,\ b]$ で $f(x) \geqq 0$ のとき，曲線 $y = f(x)$ と x 軸，および 2 直線 $x = a,\ x = b$ で囲まれた図形の面積を S とすると，定積分の定義より

$$S = \int_a^b f(x)\,dx$$

であった．

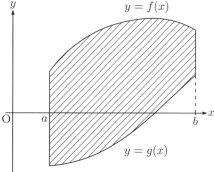

2 曲線 $y = f(x),\ y = g(x)$ および直線 $x = a,\ x = b$ で囲まれた図形の面積 S については，次の公式が成り立つ．

公式 3.7

区間 $[a, b]$ で $f(x) \geqq g(x)$ のとき

$$S = \int_a^b \left\{ f(x) - g(x) \right\} dx$$

[証明] 正の定数 K を，区間 $[a, b]$ で

$$f(x) + K \geqq 0, \quad g(x) + K \geqq 0$$

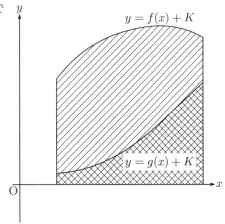

となるようにとる．曲線 $y = f(x) + K$,
$y = g(x) + K$ のそれぞれ x 軸，直線
$x = a$, $x = b$ で囲まれた図形の面積を
S_1 および S_2 とおくと

$$S_1 = \int_a^b \left\{ f(x) + K \right\} dx$$

$$S_2 = \int_a^b \left\{ g(x) + K \right\} dx$$

したがって

$$S = S_1 - S_2 = \int_a^b \left\{ \big(f(x) + K\big) - \big(g(x) + K\big) \right\} dx = \int_a^b \left\{ f(x) - g(x) \right\} dx \quad \square$$

[例題 3.9]

2 曲線 $y = \dfrac{1}{4} e^x$, $y = e^{-x} - \dfrac{3}{4}$ および直線 $x = 2$ で囲まれた図形の面積を求めよ．

[解] 2 曲線は点 $\left(0, \dfrac{1}{4} \right)$ で交わり

$$\frac{1}{4} e^x > e^{-x} - \frac{3}{4} \quad (0 < x < 2)$$

したがって，求める図形の面積を S とおくと

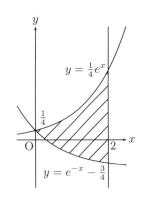

$$\begin{aligned}
S &= \int_0^2 \left(\frac{1}{4} e^x - e^{-x} + \frac{3}{4} \right) dx \\
&= \left[\frac{1}{4} e^x + e^{-x} + \frac{3}{4} x \right]_0^2 \\
&= \left(\frac{1}{4} e^2 + e^{-2} + \frac{3}{2} \right) - \left(\frac{1}{4} + 1 \right) \\
&= \frac{1}{4} (e^2 + 4 e^{-2} + 1) \qquad \square
\end{aligned}$$

問 3.20 次の図形の面積を求めよ．ただし，(3) では，最初に部分積分法を用いて $\int \log x \, dx$ を求めよ．

(1) 曲線 $y = \sin x$ $(0 \leqq x \leqq \pi)$ と x 軸で囲まれた図形

(2) 2 曲線 $y = \dfrac{1}{x}$, $y = \dfrac{1}{x^2}$ と直線 $x = 2$ で囲まれた図形

(3) 曲線 $y = \log x$ と x 軸，および直線 $x = \dfrac{1}{e}$, $x = e$ で囲まれた図形

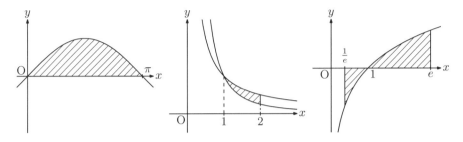

3.6.2 速度と加速度

ある化学反応において，1 つの成分の生成量や濃度を x で表すと，x は一般に時刻 t の関数である．これを

$$x = x(t) \tag{3.12}$$

と表すことにする．

関数 $x(t)$ の t についての導関数を $x(t)$ の **速度** という．速度は記号 $v = v(t)$ で表すことが多い．

$$v = \frac{dx}{dt} \tag{3.13}$$

初期時刻 $t = 0$ における x の値 $x(0)$ を **初期値** という．速度 v と x の初期値が与えられているとき，$x(t)$ は次のように求められる．

(3.13) より x は v の不定積分の 1 つだから

$$\int_0^t v(\tau) \, d\tau = \Big[x(\tau) \Big]_0^t = x(t) - x(0)$$

τ はギリシャ文字で
タウ (tau) と読む

これから，次の等式が成り立つ．

$$\boldsymbol{x(t) = x(0) + \int_0^t v(\tau) \, d\tau} \tag{3.14}$$

λ はギリシャ文字で
ラムダ (lambda)
と読む

例 3.8　$v = -\lambda e^{-\lambda t}$（λは正の定数）で $x(0) = 1$ のとき

$$x(t) = 1 + \int_0^t \left(-\lambda e^{-\lambda \tau}\right) d\tau$$

$$= 1 + \left[e^{-\lambda \tau}\right]_0^t$$

$$= 1 + \left(e^{-\lambda t} - 1\right) = e^{-\lambda t}$$

問 3.21　λ を正の整数とするとき，次の問いに答えよ．

(1) $\displaystyle \int \frac{1}{(1 + \lambda t)^2} \, dt$ を求めよ．

(2) $x(t)$ の速度が $v = -\dfrac{\lambda}{(1 + \lambda t)^2}$ で，初期値が $x(0) = 1$ のとき，$x(t)$ を求めよ．

　速度 v の t についての導関数を $x(t)$ の**加速度**という．加速度を $a = a(t)$ と表すと，(3.14) と同様に，次の等式が成り立つ．

$$\boldsymbol{v(t) = v(0) + \int_0^t a(\tau) \, d\tau}$$

3.6.3　広 義 積 分

　3.2 節では，閉区間における定積分を定義した．しかし，閉区間でないときにも，極限をとることによって定積分の値が定まることがある．これを**広義積分**という．ここでは，無限区間の場合の広義積分を例題で示すことにする．

[例題 3.10]

　広義積分 $\displaystyle \int_0^\infty e^{-x} \, dx$ を求めよ．

[解]　$\xi > 0$ をとると

$$\int_0^\xi e^{-x} \, dx = \left[-e^{-x}\right]_0^\xi = -e^{-\xi} + 1$$

　$\xi \to \infty$ のとき，$e^{-\xi} \to 0$ だから

$$\int_0^\infty e^{-x} \, dx = \lim_{\xi \to \infty} \left(-e^{-\xi} + 1\right) = 1 \quad \square$$

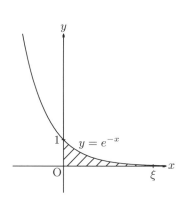

問 3.22　広義積分 $\displaystyle \int_1^\infty \frac{dx}{x^2}$ を求めよ．

3.7 補説：いろいろな不定積分

3.7.1 分 数 関 数

変数の分数式で表される関数を**分数関数**という．分数関数の不定積分を求めるために，次の公式を準備しておく．

公式 3.8 ━━━━━━━━━━━━━━━━━━━━━━━━━━━━

a は定数とする．

$$\int \frac{f'(x)}{f(x)}\,dx = \log|f(x)|$$

━━━━━━━━━━━━━━━━━━━━━━━━━━━━━━━━━━━━━

［証明］ $\{\log|f(x)|\}' = \dfrac{f'(x)}{f(x)}$ より，$\displaystyle\int \frac{f'(x)}{f(x)}\,dx = \log|f(x)|$ を得る． □

[例題 3.11]

不定積分 $\displaystyle\int \frac{x^2 + 3x + 2}{x^2 + x + 1}\,dx$ を求めよ．

［解］ $\dfrac{x^2 + 3x + 2}{x^2 + x + 1} = 1 + \dfrac{2x + 1}{x^2 + x + 1} = 1 + \dfrac{(x^2 + x + 1)'}{x^2 + x + 1}$ より

$$\int \frac{x^2 + 3x + 2}{x^2 + x + 1}\,dx = \int dx + \int \frac{(x^2 + x + 1)'}{x^2 + x + 1}\,dx$$
$$= x + \log(x^2 + x + 1) + C \qquad \square$$

注 $\displaystyle\int \frac{f(x)}{g(x)}\,dx$ において，$(f(x)$ の次数$) \geqq (g(x)$ の次数$)$ のときは，$f(x)$ を $g(x)$ で割った商を $q(x)$，余りを $r(x)$ として

$$\frac{f(x)}{g(x)} = \frac{q(x)g(x) + r(x)}{g(x)} = q(x) + \frac{r(x)}{g(x)}$$

のように変形する．このようにすると，分子の次数を下げることができる．

[例題 3.12]

(1) 次の等式を満たす定数 a, b, c を求めよ．

$$\frac{x - 2}{(2x + 1)(x^2 + 1)} = \frac{a}{2x + 1} + \frac{bx + c}{x^2 + 1}$$

(2) 不定積分 $\displaystyle\int \frac{x - 2}{(2x + 1)(x^2 + 1)}\,dx$ を求めよ．

［解］ (1) 右辺を通分して，分子を等しいとおくと

$$x - 2 = a(x^2 + 1) + (bx + c)(2x + 1)$$
$$= (a + 2b)x^2 + (b + 2c)x + (a + c)$$

これから
$$a + 2b = 0, \quad b + 2c = 1, \quad a + c = -2$$

$a,\ b,\ c$ について解いて $\quad a = -2,\ b = 1,\ c = 0$

(2) $I = \displaystyle\int \frac{x-2}{(2x+1)(x^2+1)}\,dx$ とおくと

$$\begin{aligned}
I &= \int \left(-\frac{2}{2x+1} + \frac{x}{x^2+1} \right) dx \\
&= -\int \frac{2}{2x+1}\,dx + \int \frac{x}{x^2+1}\,dx \\
&= -\int \frac{2}{2x+1}\,dx + \frac{1}{2}\int \frac{(x^2+1)'}{x^2+1}\,dx
\end{aligned}$$

したがって
$$I = -\log|2x+1| + \frac{1}{2}\log(x^2+1) + C \qquad\qquad \square$$

注 (1) のような分数式の変形を**部分分数分解**という.

問 3.23 $\displaystyle\int \frac{3x-1}{(x+1)(x+5)}\,dx$ を求めよ.

問 3.24 $\displaystyle\int \frac{dx}{x^2-4}$ を求めよ.

問 3.25 以下の問いに答えよ.

(1) 次の等式を満たす定数 $a,\ b,\ c$ を求めよ.
$$\frac{2x+1}{x^2(x+1)} = \frac{ax+b}{x^2} + \frac{c}{x+1}$$

(2) $\displaystyle\int \frac{2x+1}{x^2(x+1)}\,dx$ を求めよ.

3.7.2 三 角 関 数

[**例題 3.13**]

次の不定積分を求めよ.

(1) $\displaystyle\int \sin 3x \cos 2x\,dx$ \qquad\qquad (2) $\displaystyle\int \cos^2 x\,dx$

[**解**] 6 ページの公式 1.4 を用いる.

(1) $\displaystyle\int \sin 3x \cos 2x\,dx = \frac{1}{2}\int (\sin 5x + \sin x)\,dx = -\frac{1}{10}\cos 5x - \frac{1}{2}\cos x + C$

(2) $\displaystyle\int \cos^2 x\,dx = \frac{1}{2}\int (1 + \cos 2x)\,dx = \frac{1}{2}\left(x + \frac{1}{2}\sin 2x \right) + C \qquad \square$

[例題 3.14]

不定積分 $\displaystyle\int \frac{dx}{\sin x}$ を求めよ.

[解] $\displaystyle\int \frac{dx}{\sin x} = \int \frac{\sin x}{\sin^2 x}\,dx = \int \frac{\sin x}{1 - \cos^2 x}\,dx$

$$[\,\cos x = t \text{ とおくと} \quad -\sin x\,dx = dt\,]$$

$$= -\int \frac{dt}{1 - t^2} = \int \frac{dt}{t^2 - 1} = \frac{1}{2}\int \left(\frac{1}{t-1} - \frac{1}{t+1}\right)dt$$

$$= \frac{1}{2}\bigl(\log|t-1| - \log|t+1|\bigr) + C$$

$$[\,|\cos x - 1| = 1 - \cos x, \ |\cos x + 1| = \cos x + 1 \text{ より}\,]$$

$$= \frac{1}{2}\log\frac{1 - \cos x}{1 + \cos x} + C \qquad\qquad \square$$

問 3.26 次の不定積分を求めよ.

(1) $\displaystyle\int \cos 5x \cos 3x\,dx$ \qquad\qquad (2) $\displaystyle\int \cos^4 x\,dx$

(3) $\displaystyle\int \sin^3 x\,dx$ \qquad\qquad\quad (4) $\displaystyle\int \tan^3 x\,dx$

三角関数の分数で表される関数の不定積分を，分数関数の不定積分に直す方法がある．そのことを次の例題で示そう.

[例題 3.15]

(1) $\tan \dfrac{x}{2} = t$ とおくとき, 等式 $\sin x = \dfrac{2t}{1+t^2}$, $\cos x = \dfrac{1-t^2}{1+t^2}$ を示せ.

(2) 不定積分 $\displaystyle\int \frac{dx}{1 + \sin x + \cos x}$ を求めよ.

[解] (1) 2倍角の公式と

$$1 + \tan^2\frac{x}{2} = \frac{1}{\cos^2\dfrac{x}{2}} \quad \text{すなわち} \quad \cos^2\frac{x}{2} = \frac{1}{1 + \tan^2\dfrac{x}{2}}$$

を用いる.

$$\sin x = 2\sin\frac{x}{2}\cos\frac{x}{2} = 2\tan\frac{x}{2}\cos^2\frac{x}{2} = \frac{2\tan\dfrac{x}{2}}{1 + \tan^2\dfrac{x}{2}} = \frac{2t}{1+t^2}$$

$$\cos x = \cos^2\frac{x}{2} - \sin^2\frac{x}{2} = \cos^2\frac{x}{2}\left(1 - \tan^2\frac{x}{2}\right) = \frac{1 - \tan^2\dfrac{x}{2}}{1 + \tan^2\dfrac{x}{2}} = \frac{1-t^2}{1+t^2}$$

(2) $\tan\dfrac{x}{2}=t$ とおくと

$$\frac{1}{2\cos^2\dfrac{x}{2}}\,dx=dt \quad\text{すなわち}\quad dx=2\cos^2\frac{x}{2}\,dt=\frac{2}{1+t^2}\,dt$$

したがって

$$\int \frac{dx}{1+\sin x+\cos x}=\int\frac{1}{1+\dfrac{2t}{1+t^2}+\dfrac{1-t^2}{1+t^2}}\cdot\frac{2}{1+t^2}\,dt$$

$$=\int\frac{dt}{t+1}=\log|t+1|+C$$

$$=\log\left|\tan\frac{x}{2}+1\right|+C \qquad\qquad\Box$$

問 3.27 次の不定積分を求めよ.

(1) $\displaystyle\int\frac{dx}{2\sin x+\cos x+1}$
(2) $\displaystyle\int\frac{\sin x+1}{\cos x+1}\,dx$

問 3.28 不定積分 $\displaystyle\int\frac{dx}{\cos x}$ を次の 2 通りの方法で求めよ.

(1) $\dfrac{1}{\cos x}=\dfrac{\cos x}{\cos^2 x}=\dfrac{\cos x}{1-\sin^2 x}$ と変形する.

(2) $\tan\dfrac{x}{2}=t$ とおく.

章末問題 3

— A —

3.1 次の不定積分を求めよ.

(1) $\displaystyle\int \frac{dx}{x^5}$　　　　　(2) $\displaystyle\int x\sqrt[3]{x}\,dx$　　　　　(3) $\displaystyle\int (\sqrt{x}-1)^2\,dx$

(4) $\displaystyle\int \frac{dx}{\tan^2 x}$　　　　(5) $\displaystyle\int \sqrt{3x-1}\,dx$　　　　(6) $\displaystyle\int \frac{dx}{\sqrt{2x+1}}$

(7) $\displaystyle\int \frac{dx}{(x+2)^4}$　　　(8) $\displaystyle\int e^{2x+3}\,dx$

3.2 次の不定積分を求めよ.

(1) $\displaystyle\int \frac{\cos x}{\sin^3 x}\,dx$　　　(2) $\displaystyle\int \sin x\sqrt{(1+\cos x)^3}\,dx$　　　(3) $\displaystyle\int \frac{x+1}{x^2+2x+2}\,dx$

(4) $\displaystyle\int e^x(e^x-2)^3\,dx$　　(5) $\displaystyle\int (x-2)(x+2)^3\,dx$　　(6) $\displaystyle\int \frac{1-x}{\sqrt{x+1}}\,dx$

(7) $\displaystyle\int \frac{dx}{x\log x}$　　　(8) $\displaystyle\int (1+\tan x)^2\,dx$　　(9) $\displaystyle\int (x+1)e^{x^2+2x+4}\,dx$

3.3 次の不定積分を求めよ.

(1) $\displaystyle\int x\log x\,dx$　　　(2) $\displaystyle\int x\,e^{-x}\,dx$　　　(3) $\displaystyle\int x\sin 2x\,dx$

(4) $\displaystyle\int x^2\,e^x\,dx$　　　(5) $\displaystyle\int (\log x)^2\,dx$

3.4 次の定積分を求めよ.

(1) $\displaystyle\int_{\frac{\pi}{2}}^{\frac{3\pi}{2}} \cos x\,dx$　　　(2) $\displaystyle\int_0^1 \sqrt{2x+1}\,dx$　　　(3) $\displaystyle\int_0^{\frac{\pi}{2}} \sin\left(2x+\frac{\pi}{6}\right)\,dx$

(4) $\displaystyle\int_0^1 e^{-2x+1}\,dx$　　(5) $\displaystyle\int_1^2 \frac{dx}{2x-1}$　　(6) $\displaystyle\int_0^{\frac{\pi}{4}} \tan x\,dx$

(7) $\displaystyle\int_0^3 \frac{x}{x^2+4}\,dx$　　(8) $\displaystyle\int_0^{\frac{\pi}{2}} \sin x\sqrt{(1+\cos x)^3}\,dx$　　(9) $\displaystyle\int_{\log 2}^{\log 3} e^x(e^x-2)^3\,dx$

(10) $\displaystyle\int_{-2}^{-1} (x-2)(x+2)^3\,dx$　　(11) $\displaystyle\int_0^1 \frac{1-x}{\sqrt{x+1}}\,dx$

3.5 次の定積分を求めよ.

(1) $\displaystyle\int_1^e x\log x\,dx$　　　(2) $\displaystyle\int_0^2 x\,e^{-x}\,dx$　　　(3) $\displaystyle\int_0^{\frac{\pi}{2}} x\sin 2x\,dx$

(4) $\displaystyle\int_0^1 x^2\,e^x\,dx$　　　(5) $\displaystyle\int_1^e \log x\,dx$　　　(6) $\displaystyle\int_e^{e^2} (\log x)^2\,dx$

3.6 次の問いに答えよ.

(1) 曲線 $y=\log x$ 上の点 $(e,\,1)$ における接線 L の方程式を求めよ.

(2) 曲線 $y=\log x$ と接線 L と x 軸で囲まれた図形の面積を求めよ.

— **B** —

3.7 広義積分 $\displaystyle\int_0^\infty xe^{-x^2}\,dx$ を計算せよ.

3.8 置換積分の公式 3.4 で, x と t, および左辺と右辺を入れ換えると, 次の公式が得られる.

$$\int f(x)\,dx = \int f(\varphi(t))\varphi'(t)\,dt \qquad [x = \varphi(t) \text{ とおく}]$$

この公式を用いて, 定積分 $\displaystyle\int_0^1 \frac{1}{x^2+1}\,dt$ を, $x = \tan t$ とおくことにより求めよ.

3.9 積分 $\displaystyle\int_0^1 \frac{dx}{\sqrt{x}}$ は, $x = 0$ のとき関数の値が定義されないから

広義積分である. 0 の近くに正の数 ε をとると, $[\varepsilon,\,1]$ で関数
は積分可能で, 定積分は

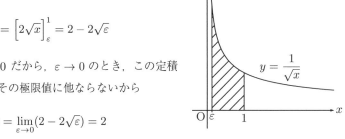

$$\int_\varepsilon^1 \frac{1}{\sqrt{x}}\,dx = \left[2\sqrt{x}\right]_\varepsilon^1 = 2 - 2\sqrt{\varepsilon}$$

と計算される. $\displaystyle\lim_{\varepsilon\to 0} 2\sqrt{\varepsilon} = 0$ だから, $\varepsilon \to 0$ のとき, この定積
分は収束する. 広義積分はその極限値に他ならないから

$$\int_0^1 \frac{1}{\sqrt{x}}\,dx = \lim_{\varepsilon\to 0}(2 - 2\sqrt{\varepsilon}) = 2$$

が得られる.

　この方法を用いて, 広義積分 $\displaystyle\int_0^1 \frac{dx}{\sqrt[3]{x}}$ を求めよ.

4

関数の展開

4.1 1次近似式

関数 $f(x)$ は，点 0 を含むある区間で微分可能とする．このとき，微分係数の定義式より

$$\lim_{x \to 0} \frac{f(x) - f(0)}{x} = f'(0)$$

上の式を次のように変形する．

$$\lim_{x \to 0} \left\{ \frac{f(x) - f(0)}{x} - f'(0) \right\} = 0$$

$$\lim_{x \to 0} \frac{f(x) - f(0) - f'(0)\, x}{x} = 0 \tag{4.1}$$

(4.1) の左辺において，分数の分子を ε_1 とおくことにする．

$$f(x) - f(0) - f'(0)\, x = \varepsilon_1 \tag{4.2}$$

ε はギリシャ文字でイプシロン (epsilon) と読む

ε_1 は x の関数で，(4.1) より

$$\lim_{x \to 0} \frac{\varepsilon_1}{x} = 0 \tag{4.3}$$

また，(4.2) より，次の等式が成り立つ．

$$f(x) = f(0) + f'(0)\, x + \varepsilon_1 \tag{4.4}$$

ε_1 は $x = 0$ で連続で，$x = 0$ のとき 0 である．また，(4.3) より，x が 0 に近いとき，非常に小さい値をとる．したがって，x が 0 に近いとき，次の近似が成り立つ．

$$f(x) \fallingdotseq f(0) + f'(0)\, x \tag{4.5}$$

(4.5) の右辺の 1 次式を，$f(x)$ の $x = 0$ における **1 次近似式**という．

1 次近似式は，点 $(0,\, f(0))$ における接線の方程式と同じ形である．また，(4.4) の関数 ε_1 については，(4.3) の性質だけに着目することにする．

例 **4.1**　$f(x) = \sqrt{1+x}$ の $x = 0$ における 1 次近似式

$$f'(x) = \frac{1}{2}(1+x)^{-\frac{1}{2}}$$

$$f(0) = 1, \quad f'(0) = \frac{1}{2}$$

したがって，(4.4) より

$$f(x) = 1 + \frac{1}{2}x + \varepsilon_1$$

$$\text{ただし } \lim_{x \to 0} \frac{\varepsilon_1}{x} = 0$$

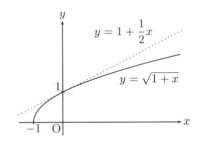

1 次近似式は $1 + \frac{1}{2}x$ である．

また，例えば $\sqrt{1.1}$ の近似値は

$$\sqrt{1.1} = \sqrt{1 + 0.1} \fallingdotseq 1 + \frac{1}{2} \times 0.1 = 1.05$$

問 **4.1**　次の関数の $x = 0$ における 1 次近似式を求めよ．

(1) $y = e^x$　　　　　　　　(2) $y = \sin x$　　　　　　　(3) $y = \log(1+x)$

$f(x)$ が点 a を含むある区間で微分可能のとき

$$\lim_{x \to a} \frac{f(x) - f(a)}{x - a} = f'(a)$$

$x = 0$ の場合と同様に変形すると，次の等式が得られる．

$$f(x) = f(a) + f'(a)(x - a) + \varepsilon_1 \quad \text{ただし } \lim_{x \to a} \frac{\varepsilon_1}{x - a} = 0$$

この等式の右辺で ε_1 を除いてできる 1 次式

$$f(a) + f'(a)(x - a)$$

を，$f(x)$ の $x = a$ における 1 次近似式という．

4.2　高次の近似式

4.2.1　2 次近似式

関数 $f(x)$ は 0 の近くで 2 回微分可能とする．

$f'(x)$ に (4.4) を適用すると

$$f'(x) = f'(0) + f''(0)x + \varepsilon_1 \quad \text{ただし } \lim_{x \to 0} \frac{\varepsilon_1}{x} = 0$$

両辺を 0 から x まで積分して

$$\int_0^x f'(x)\,dx = f'(0)\int_0^x dx + f''(0)\int_0^x x\,dx + \int_0^x \varepsilon_1\,dx$$

$$f(x) - f(0) = f'(0)x + \frac{f''(0)}{2}x^2 + \int_0^x \varepsilon_1\,dx$$

したがって, $\displaystyle\int_0^x \varepsilon_1\,dx = \varepsilon_2$ とおくと, 次の等式が成り立つ.

$$f(x) = f(0) + f'(0)x + \frac{f''(0)}{2}x^2 + \varepsilon_2 \tag{4.6}$$

また, $\displaystyle\lim_{x\to 0}\frac{\varepsilon_2}{x^2}$ にロピタルの定理を適用すると

$$\lim_{x\to 0}\frac{\varepsilon_2}{x^2} = \lim_{x\to 0}\frac{(\varepsilon_2)'}{(x^2)'} = \lim_{x\to 0}\frac{\varepsilon_1}{2x} = 0$$

したがって, ε_2 について, 次の等式が成り立つ.

$$\lim_{x\to 0}\frac{\varepsilon_2}{x^2} = 0 \tag{4.7}$$

(4.6) の右辺で ε_2 を除いてできる 2 次式

$$f(0) + f'(0)x + \frac{f''(0)}{2}x^2$$

を, $f(x)$ の $x = 0$ における **2 次近似式**という.

例 4.2　$f(x) = \sqrt{1+x}$ の $x = 0$ における 2 次近似式

　例 4.1 より　$f(0) = 1,\ f'(0) = \dfrac{1}{2}$

また　$f''(x) = -\dfrac{1}{4}(1+x)^{-\frac{3}{2}}$ より

$$f''(0) = -\frac{1}{4}$$

したがって

$$f(x) = 1 + \frac{1}{2}x - \frac{1}{8}x^2 + \varepsilon_2 \quad \text{ただし} \quad \lim_{x\to 0}\frac{\varepsilon_2}{x^2} = 0$$

2 次近似式は $1 + \dfrac{1}{2}x - \dfrac{1}{8}x^2$ である.

問 4.2　次の関数の $x = 0$ における 2 次近似式を求めよ.

(1) $y = e^x$ 　　　　　　　(2) $y = \cos x$ 　　　　　　　(3) $y = \log(1+x)$

$f(x)$ が点 a を含むある区間で 2 回微分可能のときも，$x = 0$ の場合と同様にして，次の等式が得られる．

$$f(x) = f(a) + f'(a)(x-a) + \frac{f''(a)}{2}(x-a)^2 + \varepsilon_2 \qquad (4.8)$$

$$ただし \ \lim_{x \to a} \frac{\varepsilon_2}{(x-a)^2} = 0$$

(4.8) の右辺で ε_2 を除いてできる 2 次式

$$f(a) + f'(a)(x-a) + \frac{f''(a)}{2}(x-a)^2$$

を，$f(x)$ の $x = a$ における 2 次近似式という．

4.2.2 高次の近似式

関数 $f(x)$ は 0 の近くで n 回微分可能 (n は 3 以上の整数) とするとき，$x = 0$ における **n 次近似式**を求めよう．$f'(x)$ に (4.6) を適用すると

$$f'(x) = f'(0) + f''(0)x + \frac{f^{(3)}(0)}{2}x^2 + \varepsilon_2$$

$$ただし \ \lim_{x \to 0} \frac{\varepsilon_2}{x^2} = 0$$

両辺を 0 から x まで積分して，$\displaystyle\int_0^x \varepsilon_2 \, dx = \varepsilon_3$ とおくと

$$\int_0^x f'(x)\,dx = f'(0)\int_0^x dx + f''(0)\int_0^x x\,dx + \frac{f^{(3)}(0)}{2}\int_0^x x^2\,dx + \varepsilon_3$$

$$f(x) - f(0) = f'(0)x + \frac{f''(0)}{2}x^2 + \frac{f^{(3)}(0)}{3!}x^3 + \varepsilon_3$$

したがって，次の等式が成り立つ．

$$f(x) = f(0) + f'(0)x + \frac{f''(0)}{2}x^2 + \frac{f^{(3)}(0)}{3!}x^3 + \varepsilon_3$$

また，ロピタルの定理より，ε_3 について次の等式が得られる．

$$\lim_{x \to 0} \frac{\varepsilon_3}{x^3} = 0$$

これは n が 3 の場合に当たるが，n が一般の自然数である場合も同様にして，次の等式が得られる．

$$\boldsymbol{f(x) = f(0) + f'(0)x + \frac{f''(0)}{2!}x^2 + \cdots + \frac{f^{(n)}(0)}{n!}x^n + \varepsilon_n} \qquad (4.9)$$

$$ただし \ \lim_{x \to 0} \frac{\boldsymbol{\varepsilon_n}}{\boldsymbol{x^n}} = \boldsymbol{0}$$

(4.9) の右辺で ε_n を除いてできる n 次式

$$f(0) + f'(0)x + \frac{f''(0)}{2!}x^2 + \cdots + \frac{f^{(n)}(0)}{n!}x^n$$

を，$f(x)$ の $x = 0$ における **n 次近似式**という．

例 4.3 $f(x) = e^x$ の $x = 0$ における n 次近似式

$$f(0) = 1,\ f'(0) = 1,\ f''(0) = 1,\ \cdots,\ f^{(n)}(0) = 1$$

したがって，(4.9) より

$$e^x = 1 + x + \frac{1}{2!}x^2 + \frac{1}{3!}x^3 + \cdots + \frac{1}{n!}x^n + \varepsilon_n \qquad (4.10)$$
$$\text{ただし} \quad \lim_{x \to 0} \frac{\varepsilon_n}{x^n} = 0$$

n 次近似式は $1 + x + \dfrac{1}{2!}x^2 + \dfrac{1}{3!}x^3 + \cdots + \dfrac{1}{n!}x^n$ である．

問 4.3 次の関数について，$x = 0$ における括弧内の次数の近似式を求めよ．

(1) $y = e^{-x}$ $(n = 3)$ $\qquad\qquad$ (2) $y = \dfrac{1}{1-x}$ $(n = 4)$

$\sin x,\ \cos x$ は次のように表されることが示される．

$$\sin x = x - \frac{1}{3!}x^3 + \frac{1}{5!}x^5 - \cdots + (-1)^n \frac{1}{(2n+1)!}x^{2n+1} + \varepsilon_{2n+1} \quad (4.11)$$
$$\cos x = 1 - \frac{1}{2!}x^2 + \frac{1}{4!}x^4 - \cdots + (-1)^n \frac{1}{(2n)!}x^{2n} + \varepsilon_{2n} \qquad (4.12)$$
$$\text{ただし} \quad \lim_{x \to 0} \frac{\varepsilon_{2n+1}}{x^{2n+1}} = 0, \quad \lim_{x \to 0} \frac{\varepsilon_{2n}}{x^{2n}} = 0$$

例えば，$y = \cos x$ の 6 次と 8 次の近似式のグラフは次のようになる．

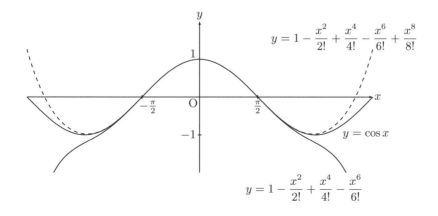

[例題 4.1]

$\sqrt[3]{1.1}$ の近似値を $y = \sqrt[3]{1+x}$ の 3 次近似式を用いて求めよ.

[解] $y' = \dfrac{1}{3}(1+x)^{-\frac{2}{3}}$, $y'' = -\dfrac{2}{9}(1+x)^{-\frac{5}{3}}$, $y^{(3)} = \dfrac{10}{27}(1+x)^{-\frac{8}{3}}$ より

$$\sqrt[3]{1+x} = 1 + \frac{1}{3}x - \frac{1}{9}x^2 + \frac{5}{81}x^3 + \varepsilon_3 \quad \left(\lim_{x \to 0}\frac{\varepsilon_3}{x^3} = 0\right)$$

したがって, 次の近似式が成り立つ.

$$\sqrt[3]{1+x} \fallingdotseq 1 + \frac{1}{3}x - \frac{1}{9}x^2 + \frac{5}{81}x^3$$

$x = 0.1$ とおくと

$$\sqrt[3]{1.1} = \sqrt[3]{1+0.1} \fallingdotseq 1 + \frac{1}{3} \times 0.1 - \frac{1}{9} \times (0.1)^2 + \frac{5}{81} \times (0.1)^3 = 1.032284 \quad \square$$

注 $\sqrt[3]{1.1}$ の真の値は $1.032280\cdots$ である. また, 1 次, 2 次の近似式を用いたとき
の近似値は, それぞれ

$$1.033333,\ 1.032222$$

であり, 近似式の次数を大きくすると真の値に近づくことがわかる.

問 4.4 $y = e^x$ の $x = 0$ における 5 次近似式を用いて, e の近似値を求めよ.

$x = a$ における近似についても同様にして, 次の公式が得られる.

公式 4.1 ━━━━━━━━━━━━━━━━━━━━━━━━━━━━━━━━━━━━

$f(x)$ が a を含むある区間で n 回微分可能のとき

$$f(x) = f(a) + f'(a)(x-a) + \frac{f''(a)}{2!}(x-a)^2 + \cdots + \frac{f^{(n)}(a)}{n!}(x-a)^n + \varepsilon_n$$

$$\text{ただし} \quad \lim_{x \to a}\frac{\varepsilon_n}{(x-a)^n} = 0$$

━━━

4.3 テイラー展開

関数 $f(x)$ は 0 を含む区間 I で何回でも微分可能とする. このとき, $f(x)$ の
$x = 0$ での n 次近似式を $S_n(x)$ とおくと

$$S_n(x) = f(0) + f'(0)x + \frac{f''(0)}{2!}x^2 + \cdots + \frac{f^{(n)}(0)}{n!}x^n$$

$$f(x) - S_n(x) = \varepsilon_n \quad \text{ただし} \quad \lim_{x \to 0}\frac{\varepsilon_n}{x^n} = 0$$

$f(0) = S_n(0)$ だから, $x = 0$ のときは $f(x)$ と $S_n(x)$ の値は一致するが, それ
以外の点では, これらは一致するとは限らない. もし, I 内のすべての x につ
いて

$$\lim_{n \to \infty} \left\{ f(x) - S_n(x) \right\} = 0 \qquad (4.13)$$

n を限りなく大きくするとき，$f(x) - S_n(x)$ が 0 に近づくことを意味する

が成り立つならば

$$f(x) = f(0) + f'(0)x + \frac{f''(0)}{2!}x^2 + \cdots + \frac{f^{(n)}(0)}{n!}x^n + \cdots \qquad (4.14)$$

と表し，右辺を $f(x)$ の $x = 0$ での**テイラー展開**または単に**マクローリン展開**という．

テイラー，Taylor (1685-1731)

関数 e^x, $\sin x$, $\cos x$ については，実数全体で (4.13) が成り立つことが知られている．すなわち，(4.10), (4.11), (4.12) より

マクローリン，Maclaurin (1698-1746)

$$e^x = 1 + x + \frac{1}{2!}x^2 + \frac{1}{3!}x^3 + \cdots + \frac{1}{n!}x^n + \cdots \qquad (4.15)$$

$$\sin x = x - \frac{1}{3!}x^3 + \frac{1}{5!}x^5 - \cdots + (-1)^n \frac{1}{(2n+1)!}x^{2n+1} + \cdots \qquad (4.16)$$

$$\cos x = 1 - \frac{1}{2!}x^2 + \frac{1}{4!}x^4 - \cdots + (-1)^n \frac{1}{(2n)!}x^{2n} + \cdots \qquad (4.17)$$

また，関数 $\log(1+x)$ については，区間 $(-1,\ 1)$ で (4.13) が成り立ち，次のように表されることが知られている．

$$\log(1+x) = x - \frac{1}{2}x^2 + \frac{1}{3}x^3 - \cdots + (-1)^{n-1}\frac{1}{n}x^n + \cdots \qquad (-1 < x < 1)$$

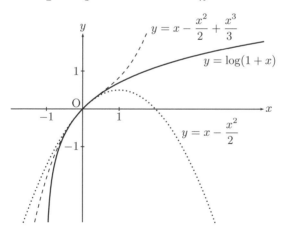

4.4 オイラーの公式

複素数の場合も，実数の場合と同様に，極限を考えることができる．このとき，任意の複素数 z について

オイラー，Euler (1707-1783)

$$S_n(z) = 1 + z + \frac{1}{2!}z^2 + \frac{1}{3!}z^3 + \cdots + \frac{1}{n!}z^n$$

は，$n \to \infty$ のとき収束することが知られている．そこで，(4.15) にならって，この極限値を e^z の値と定義することにする．

$$e^z = 1 + z + \frac{1}{2!}z^2 + \frac{1}{3!}z^3 + \cdots + \frac{1}{n!}z^n + \cdots$$

特に，z に ix（x は実数）を代入すると

$$e^{ix} = 1 + ix + \frac{1}{2!}(ix)^2 + \frac{1}{3!}(ix)^3 + \cdots + \frac{1}{n!}(ix)^n + \cdots$$

$$= 1 + ix - \frac{1}{2!}x^2 - \frac{1}{3!}ix^3 + \frac{1}{4!}x^4 + \frac{1}{5!}ix^5 + \cdots$$

$$= \left(1 - \frac{1}{2!}x^2 + \frac{1}{4!}x^4 - \cdots\right) + i\left(x - \frac{1}{3!}x^3 + \frac{1}{5!}x^5 - \cdots\right)$$

実部，虚部はそれぞれ $\cos x$，$\sin x$ のマクローリン展開だから，次の公式が成り立つ．

公式 4.2（オイラーの公式）

実数 x について
$$e^{ix} = \cos x + i\sin x$$

複素数 z，w についても
$$e^z e^w = e^{z+w}$$

が成り立つことが知られている．特に，x，y が実数のとき，$e^{x+iy} = e^x e^{iy}$ から次の公式が得られる．

$$e^{x+iy} = e^x(\cos y + i\sin y) \tag{4.18}$$

問 4.5 次を簡単にせよ．

(1) $e^{2\pi i}$ (2) $e^{\pi i}$ (3) $4e^{1+\frac{\pi}{2}i}$

章末問題 4

— A —

4.1 次の関数について，$x = 0$ における括弧内の次数の近似式を求めよ．

(1) $y = \dfrac{1}{\sqrt{1+x}}$ $(n = 3)$

(2) $y = \sin 2x$ $(n = 5)$

(3) $y = \dfrac{1}{1+2x}$ $(n = 3)$

(4) $y = xe^x$ $(n = 4)$

(5) $y = e^x \sin x$ $(n = 3)$

4.2 次の関数について，$x = 1$ における括弧内の次数の近似式を求めよ．

(1) $y = e^x$ $(n = 3)$

(2) $y = \sin x$ $(n = 2)$

(3) $y = \cos 2x$ $(n = 2)$

(4) $y = \log(1+x)$ $(n = 3)$

4.3 $y = \sin x$ の 5 次近似式を用いて，$\sin \dfrac{\pi}{18}$ の近似値を求めよ．ただし，$\pi = 3.1416$ として計算せよ．

4.4 $\sqrt[4]{1+x}$ の 3 次近似式を用いて，$\sqrt[4]{1.1}$ の近似値を求めよ．

4.5 e^x のマクローリン展開を用いて，以下の問いに答えよ．

(1) $x > 0$ のとき，$e^x > 1 + x + \dfrac{x^2}{2}$ が成り立つことを示せ．

(2) $\displaystyle \lim_{x \to \infty} \dfrac{x}{e^x} = 0$ を示せ．

4.6 次を簡単にせよ．

(1) $e^{\frac{\pi}{3}i}$ (2) $e^{-\frac{3}{4}\pi i}$ (3) $2e^{\frac{2}{3}\pi i}$

(4) $e^{2+\pi i}$ (5) $e^{-1-\frac{\pi}{2}i}$

4.7 オイラーの公式を用いて，等式 $e^{-ix} = \cos x - i \sin x$ が成り立つことを証明せよ．

— **B** —

4.8 次の極限値を，$x = 0$ における適当な次数 n の近似式と ε_n を用いて求めよ．

(1) $\displaystyle \lim_{x \to 0} \frac{e^x - 1 - x}{x^2}$
(2) $\displaystyle \lim_{x \to 0} \frac{\sin x - x}{x^3}$

(3) $\displaystyle \lim_{x \to 0} \frac{\sqrt{1 + x} - 1 - \dfrac{x}{2}}{x^2}$
(4) $\displaystyle \lim_{x \to 0} \frac{2 \cos x - 2 + x^2}{x^4}$

4.9 オイラーの公式を用いて，次の等式が成り立つことを証明せよ．

(1) $(e^{ix})^n = e^{inx}$

(2) $(\cos x + i \sin x)^n = \cos nx + i \sin nx$

4.10 x を実数とするとき，複素数の値をとる関数 $f(x) = \varphi(x) + i\psi(x)$ について，導関数 $f'(x)$ が

$$f'(x) = \varphi'(x) + i\psi'(x)$$

で定義される．α を複素数の定数として指数関数

$$f(x) = e^{\alpha x}$$

の導関数を考えるとき，以下の問いに答えよ．

(1) a, b を実数として $\alpha = a + bi$ と表すとき，$e^{\alpha x}$ を a, b を用いて表せ．

(2) (1) の結果を用いて $(e^{\alpha x})'$ を計算せよ．

(3) $(e^{\alpha x})' = \alpha e^{\alpha x}$ であることを証明せよ．

5

微分方程式

微分方程式は，時間 t とともに変化する現象を解析するのに用いられることが多い．そこで，本章では，独立変数を t，関数を $x = x(t)$ と表すことにする．このとき，$\dfrac{dx}{dt}(t)$ は $x(t)$ が変化する速度で，$\dfrac{d^2x}{dt^2}(t)$ は加速度である．

5.1 微分方程式と解

C を任意の定数とするとき，関数

$$x = Ce^t \qquad (5.1)$$

は図の曲線群を表している．

これらの関数が共通に満たす等式を求めよう．

(5.1) を微分すると

$$\frac{dx}{dt} = Ce^t$$

(5.1) より $Ce^t = x$ となるから，次の等式が得られる．

$$\frac{dx}{dt} = x \qquad (5.2)$$

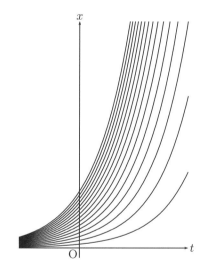

(5.2) は，t における関数 x とその速度 $\dfrac{dx}{dt}$ の値が t の値によらず常に等しいことを意味し，変数 x, t と $\dfrac{dx}{dt}$ の間に成り立つ関係式である．これを関数 x についての方程式と考え，**微分方程式**という．

(5.1) のように，微分方程式を満たす関数を，その微分方程式の**解**といい，解の表す曲線を**解曲線**という．また，解を求めることを微分方程式を**解く**という．

微分方程式に含まれる導関数の最高次数を**階数**という．例えば，(5.2) の階数は 1 である．また，階数が 1 である微分方程式を **1 階微分方程式**という．

問 5.1 時刻 t の関数 x の速度は，常に x の値の 2 倍に等しいという．

(1) この関係を微分方程式で表せ．

(2) 関数 $x = Ce^{2t}$ はこの微分方程式の解であることを示せ．

時刻 t の関数 x の加速度は x の符号を変えた値に等しいとする．この関係は

$$\frac{d^2x}{dt^2} = -x \tag{5.3}$$

と表すことができる．すなわち，(5.3) は 2 階微分方程式の例である．また

$$x = C_1 \sin t + C_2 \cos t \quad (C_1,\ C_2 \text{は任意定数}) \tag{5.4}$$

とすると

$$\frac{dx}{dt} = C_1 \cos t - C_2 \sin t$$

$$\frac{d^2x}{dt^2} = -C_1 \sin t - C_2 \cos t = -x$$

となるから，(5.4) は微分方程式 (5.3) の解である．

問 5.2 関数 $x = C_1 e^{2t} + C_2 e^{-2t}$ は 2 階微分方程式 $\dfrac{d^2x}{dt^2} = 4x$ の解であることを示せ．ただし，C_1, C_2 は任意定数とする．

問 5.3 数直線上を運動する動点 P は，加速度が位置の -4 倍になるという．

(1) 時刻 t における位置を x とするとき，この関係を微分方程式で表せ．

(2) 関数 $x = C_1 \sin 2t + C_2 \cos 2t$ はこの微分方程式の解であることを示せ．

(5.1), (5.4) のように，微分方程式の解には任意定数が含まれる．一般に，微分方程式の階数だけの任意定数を含む解を**一般解**という．

また，一般解の任意定数に特定の値を代入して得られる解を**特殊解**という．1 階微分方程式において任意定数の値を決定するには，条件

「$t = t_0$ のとき　$x = x_0$」　すなわち　$x(t_0) = x_0$

のように，特定の点 t_0 における x の値を指定することが多い．2 階微分方程式の場合は，さらに条件

「$t = t_0$ のとき　$\dfrac{dx}{dt} = v_0$」　すなわち　$\dfrac{dx}{dt}(t_0) = v_0$

を加えることが多い．特に，$t = 0$ のときの条件を**初期条件**という．2 階微分方程式の初期条件は，$x(0) = x_0$, $\dfrac{dx}{dt}(0) = v_0$ のようになる．

例 5.1 (5.2) の微分方程式において，初期条件 $x(0) = 1$ を満たす解は，一般解 (5.1) を用いて次のように求められる．

(5.1) に $t = 0$, $x = 1$ を代入すると

$$1 = Ce^0 \quad \text{すなわち} \quad C = 1$$

したがって，$x = e^t$ が条件を満たす解である．

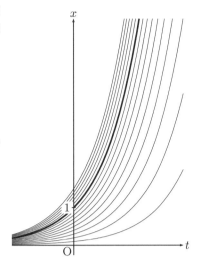

例 5.2 (5.3) の微分方程式において，初期条件

$$x(0) = -1, \ \frac{dx}{dt}(0) = 1$$

を満たす解は，一般解 (5.4) を用いて次のように求められる．

(5.4) に $t = 0$, $x = -1$ を代入すると

$$-1 = C_1 \sin 0 + C_2 \cos 0 \quad \text{すなわち} \quad C_2 = -1$$

また，(5.4) の両辺を t について微分すると

$$\frac{dx}{dt} = C_1 \cos t - C_2 \sin t$$

これに $t = 0$, $\dfrac{dx}{dt}(0) = 1$ を代入すると

$$1 = C_1 \cos 0 - C_2 \sin 0 \quad \text{すなわち} \quad C_1 = 1$$

したがって，$x = \sin t - \cos t$ が条件を満たす解である．

問 5.4 次を求めよ．

(1) 問 5.1 の微分方程式において，条件 $x(1) = -1$ を満たす解

(2) 80 ページの微分方程式 (5.3) において，初期条件 $x(0) = 2$, $\dfrac{dx}{dt}(0) = 3$ を満たす解

(3) 問 5.2 の微分方程式において，初期条件 $x(0) = 3$, $\dfrac{dx}{dt}(0) = 2$ を満たす解

注 2 階微分方程式では，$x(a) = x_1$, $x(b) = x_2$ のように，変数 t の異なる 2 点における値を指定することもある．このような条件を**境界条件**という．

5.2　変数分離形

　前節では，関数 (5.1) を先に与えて，これが方程式 (5.2) を満たすことを確かめることで，一般解であることを示した．本節では，方程式

$$\frac{dx}{dt} = x \tag{5.5}$$

の解で，初期条件 $x(0) = c_0$ を満たすものを，計算により求めよう.

　$c_0 > 0$ のとき，少なくとも $t = 0$ の近くでは $x > 0$ となる.

　(5.5) の両辺を x で割ると

$$\frac{1}{x}\frac{dx}{dt} = 1$$

両辺を t で積分すると

$$\int \frac{1}{x}\frac{dx}{dt}\, dt = \int dt$$

左辺は $x(t) = x$ の置換積分により

$$\int \frac{1}{x}\frac{dx}{dt}\, dt = \int \frac{1}{x}\, dx = \log|x| = \log x$$

(積分定数を省略)

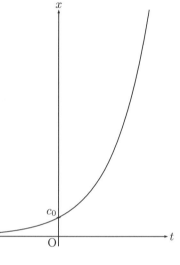

となるから

$$\log x = t + C \qquad (C \text{ は積分定数})$$

$t = 0$ のとき $x = c_0$ だから

$$\log c_0 = 0 + C \quad \text{すなわち} \quad C = \log c_0$$

したがって，次の等式が成り立つ.

$$\log x = t + \log c_0 \tag{5.6}$$

(5.6) から x を求めるには，例えば次のようにすればよい.

$$\log x - \log c_0 = t$$
$$\log \frac{x}{c_0} = t \quad \text{すなわち} \quad \frac{x}{c_0} = e^t$$

これから，次の解が得られる.

$$x = c_0 e^t \tag{5.7}$$

　注　(5.6) は (5.7) の関数を表しているといってよい．本章では，このように関数を x, t の関係式として表すこともある.

$c_0 < 0$ のときも，同様にして (5.7) が得られる．

$c_0 = 0$ のとき

(5.7) に代入すると　$x = 0$ (定数関数)

このとき，$\dfrac{dx}{dt} = 0$ となり，(5.5) を満たすから解である．

以上より，(5.7) は，$x(0) = c_0$ (c_0 は任意の定数) を満たす (5.5) の解となる．

c_0 を任意定数 C に置き換えると，(5.5) の一般解

$$x = Ce^t \quad (C \text{ は任意定数})$$

が得られる．

一般に

$$\frac{dx}{dt} = f(t)g(x)$$

の形に表される微分方程式を**変数分離形**という．変数分離形の微分方程式は，上の例と同様に，次のようにして解を求めることができる．

$$\frac{1}{g(x)}\frac{dx}{dt} = f(t)$$
$$\int \frac{1}{g(x)}\,dx = \int f(t)\,dt$$

ただし，以後の計算は，一般解を求めることを目的とし，$g(x)$ による場合分けをせずに形式的に行う．

[**例題 5.1**]

次の微分方程式の一般解を求めよ．

(1) $\dfrac{dx}{dt} = x\sin t$ 　　　　　　(2) $x\dfrac{dx}{dt} = -t$

[**解**]　それぞれ $\dfrac{dx}{dt} = \sin t \cdot x$，$\dfrac{dx}{dt} = -t \cdot \dfrac{1}{x}$ となるから，変数分離形である．

(1) $\dfrac{1}{x}\dfrac{dx}{dt} = \sin t$ の両辺を積分して

$$\int \frac{1}{x}\,dx = \int \sin t\,dt \quad \therefore \quad \log|x| = -\cos t + C$$

これから

$$\log\left|xe^{\cos t}\right| = C \quad \text{すなわち} \quad xe^{\cos t} = \pm e^C$$

$\pm e^C$ をあらためて C とおいて，次の一般解が得られる．

$$x = Ce^{-\cos t} \quad (C \text{ は任意定数})$$

(2) $x\dfrac{dx}{dt} = -t$ の両辺を積分して

$$\int x\,dx = -\int t\,dt \quad \therefore \quad \frac{1}{2}x^2 = -\frac{1}{2}t^2 + C$$

これから

$$x^2 = -t^2 + 2C$$

$2C$ をあらためて C とおいて，次の一般解が得られる．

$$x^2 + t^2 = C \quad (C \text{ は任意定数}) \qquad \square$$

問 5.5　次の微分方程式の一般解を求めよ．

(1) $\dfrac{dx}{dt} = 2tx$　　　　　　　(2) $e^x \dfrac{dx}{dt} = e^t$　　　　　　　(3) $\dfrac{dx}{dt} = \dfrac{x}{t}$

[例題 5.2]

　次の微分方程式において，括弧内の初期条件を満たす解を求めよ．

$$\frac{dx}{dt} = x^2 e^{-t} \quad (x(0) = -1)$$

[解]　$\dfrac{1}{x^2}\dfrac{dx}{dt} = e^{-t}$ と変形して，両辺を積分すると

$$\int \frac{1}{x^2}\,dx = \int e^{-t}\,dt \quad \therefore \quad -\frac{1}{x} = -e^{-t} + C$$

初期条件 $x(0) = -1$ より

$$1 = -1 + C \quad \therefore \quad C = 2$$

これから

$$-\frac{1}{x} = -e^{-t} + 2 \quad \therefore \quad \frac{1}{x} = e^{-t} - 2$$

よって，次の解が得られる．

$$x = \frac{1}{e^{-t} - 2} \qquad \square$$

問 5.6　次の微分方程式において，括弧内の初期条件を満たす解を求めよ．

(1) $\dfrac{dx}{dt} = -(t+1)x \quad (x(0) = 1)$　　　　(2) $\cos x \dfrac{dx}{dt} = \sin t \quad (x(0) = 0)$

5.3　1 階 線 形

　与えられた関数 $\varphi(t)$, $f(t)$ について

$$\frac{dx}{dt} + \varphi(t)x = f(t) \tag{5.8}$$

で表される微分方程式を **1 階線形**であるという．例えば

$$\frac{dx}{dt} - 2tx = te^{t^2} \tag{5.9}$$

は 1 階線形の微分方程式である．

(5.8) で，$f(t) = 0$ のとき**斉次**であるという．

斉次（せいじ）
homogeneous

$$\frac{dx}{dt} + \varphi(t)x = 0 \tag{5.10}$$

(5.10) を変形すると

$$\frac{dx}{dt} = -\varphi(t)x \quad すなわち \quad \frac{1}{x}\frac{dx}{dt} = -\varphi(t)$$

となるから，斉次 1 階線形微分方程式は変数分離形である．したがって，積分により一般解を求めることができる．1 階線形微分方程式 (5.8) については，まず $f(t) = 0$ とおいてできる斉次微分方程式の一般解を求め，この一般解を利用して，1 階線形 (5.8) の一般解を求める方法がある．これを (5.9) の例によって説明しよう．

(5.9) で右辺を 0 とおくと

$$\frac{dx}{dt} - 2tx = 0$$

変数分離形の解法により

$$\int \frac{1}{x}\,dx = 2\int t\,dt$$

これから，斉次の場合の一般解が得られる．

$$x = Ce^{t^2} \quad (C は任意定数) \tag{5.11}$$

(5.8) の一般解を求めるために，(5.11) の定数 C を関数とみなして u とおく．

$$x = ue^{t^2} \tag{5.12}$$

この方法を**定数変化法**という．

積の微分法を用いて (5.12) の両辺を t について微分すると

$$\frac{dx}{dt} = \frac{du}{dt}e^{t^2} + 2tue^{t^2}$$

ただし，e^{t^2} の微分では $t^2 = v$ とおいた合成関数の微分を用いた．

この結果を (5.9) に代入して

$$\frac{du}{dt}e^{t^2} + 2tue^{t^2} - 2tue^{t^2} = te^{t^2}$$

$$すなわち \quad \frac{du}{dt} = t$$

これから

$$u = \int t\,dt = \frac{1}{2}t^2 + C$$

(5.12) に代入して，(5.9) の一般解

$$x = \left(\frac{1}{2}t^2 + C\right)e^{t^2}$$

が得られる.

以上の 1 階線形微分方程式の解法をまとめると，次のようになる.

（Ⅰ）斉次の場合の方程式 (5.10) の一般解を求める.

（Ⅱ）（Ⅰ）の一般解の任意定数 C を関数 u で置き換え，u を求める.

（Ⅲ）（Ⅱ）の u を代入して，(5.8) の一般解が得られる.

[例題 5.3]

次の微分方程式において，括弧内の初期条件を満たす解を求めよ.

$$(t+1)\frac{dx}{dt} + x = \cos t \quad (x(0) = 1) \tag{5.13}$$

[解]　斉次の場合の方程式 $(t+1)\dfrac{dx}{dt} + x = 0$ を変形して　　$\dfrac{1}{x}\dfrac{dx}{dt} = -\dfrac{1}{t+1}$

両辺を積分して

$$\int \frac{1}{x}\,dx = -\int \frac{1}{t+1}\,dt \quad \therefore \quad \log|x| = -\log|t+1| + C$$

これから

$$\log|x(t+1)| = C \quad \text{すなわち} \quad x(t+1) = \pm e^C$$

$\pm e^C$ をあらためて C とおくと

$$x(t+1) = C \quad \therefore \quad x = \frac{C}{t+1}$$

定数変化法により，$x = \dfrac{u}{t+1}$ とおき，商の微分公式を用いると

$$\frac{dx}{dt} = \frac{\dfrac{du}{dt}(t+1) - u}{(t+1)^2} = \frac{1}{t+1}\frac{du}{dt} - \frac{u}{(t+1)^2}$$

これを (5.13) の微分方程式に代入すると

$$\frac{du}{dt} - \frac{u}{t+1} + \frac{u}{t+1} = \cos t \quad \therefore \quad \frac{du}{dt} = \cos t$$

これから　　　　　　　　$u = \int \cos t\,dt = \sin t + C$

よって，一般解は $x = \dfrac{\sin t + C}{t+1}$ である.

初期条件 $x(0) = 1$ より　　$\dfrac{C}{1} = 1$ すなわち　$C = 1$

したがって，求める解は　　　$x = \dfrac{\sin t + 1}{t+1}$ □

問 5.7　次の微分方程式において，括弧内の初期条件を満たす解を求めよ.

(1) $\dfrac{dx}{dt} - x = t + 1 \quad (x(0) = 2)$　　　　　(2) $\dfrac{dx}{dt} - x = e^{2t} \quad (x(0) = 3)$

5.4 定数係数斉次 2 階線形

関数 $\varphi(t)$, $\psi(t)$, $f(t)$ が与えられたとき

$$\frac{d^2x}{dt^2} + \varphi(t)\frac{dx}{dt} + \psi(t)x = f(t) \tag{5.14}$$

で表される微分方程式を **2 階線形**であるといい，$f(t) = 0$ のとき**斉次**という．

$$\frac{d^2x}{dt^2} + \varphi(t)\frac{dx}{dt} + \psi(t)x = 0 \tag{5.15}$$

2 つの関数 $x = x(t), y = y(t)$ について，一方が他方の定数倍であるとき，x, y は**線形従属**であるといい，そうでないとき**線形独立**であるという．例えば

$$x = \sin t, \quad y = 3\sin t$$

は線形従属で

$$x = e^{2t}, \quad y = e^{3t}$$

は線形独立である．

斉次線形 2 階微分方程式 (5.15) の解について，次の定理が知られている．

定理 5.1　関数 x_1, x_2 は線形独立で，(5.15) の解であれば，(5.15) の任意の解は，次のように表される．

$$x = C_1x_1 + C_2x_2 \quad (C_1, \ C_2\text{は任意定数}) \tag{5.16}$$

問 5.8　$x_1 = t$ と $x_2 = t\log t$ は次の微分方程式の解であることを確かめよ．

$$\frac{d^2x}{dt^2} - \frac{1}{t}\frac{dx}{dt} + \frac{1}{t^2}x = 0 \quad (t > 0) \tag{5.17}$$

注　(5.16) は 2 個の任意定数を含むから，(5.15) の一般解である．問 5.8 の関数 x_1, x_2 が線形独立であることから，$x = C_1t + C_2t\log t$ は微分方程式 (5.17) の一般解であることがわかる．

(5.14), (5.15) において，$\varphi(t)$, $\psi(t)$ がいずれも定数のとき，**定数係数**という．特に，次の形の微分方程式を**定数係数斉次 2 階線形**という．

$$\frac{d^2x}{dt^2} + a\frac{dx}{dt} + bx = 0 \quad (a, \ b \text{ は定数}) \tag{5.18}$$

いくつかの例によって，定数係数斉次 2 階線形微分方程式の解法を示そう．

例 5.3　$\dfrac{d^2x}{dt^2} - 3\dfrac{dx}{dt} + 2x = 0$

関数 x とその導関数が等式を満たすことから，微分しても関数の形が変わらない解をもつことが予想される．そこで，指数関数の解をもつとして

λ はギリシャ文字で
ラムダ (lambda)
と読む

$$x = e^{\lambda t} \quad (\lambda は定数)$$

とおくと, $\dfrac{dx}{dt} = \lambda e^{\lambda t}$, $\dfrac{d^2 x}{dt^2} = \lambda^2 e^{\lambda t}$ より

$$\lambda^2 e^{\lambda t} - 3\lambda e^{\lambda t} + 2e^{\lambda t} = 0$$

$e^{\lambda t} > 0$ だから, λ についての次の 2 次方程式が得られる.

$$\lambda^2 - 3\lambda + 2 = 0 \tag{5.19}$$

これを解くと, $\lambda = 1, 2$ となるから

$$x = e^t, \quad x = e^{2t}$$

は解である. また, これらは線形独立だから, 一般解は次のようになる.

$$x = C_1 e^t + C_2 e^{2t} \quad (C_1,\ C_2 は任意定数)$$

2 次方程式 (5.19) は, もとの微分方程式において, $\dfrac{d^2 x}{dt^2}$, $\dfrac{dx}{dt}$ をそれぞれ λ^2, λ で置き換えたものである. (5.18) についても同様にして, 2 次方程式

$$\lambda^2 + a\lambda + b = 0 \tag{5.20}$$

ができる. これを微分方程式 (5.18) の**特性方程式**という.

特性方程式 (5.20) が相異なる 2 つの実数解 λ_1, λ_2 をもつときは, 同様にして, 一般解

$$x = C_1 e^{\lambda_1 t} + C_2 e^{\lambda_2 t}$$

が得られる.

例 5.4　$\dfrac{d^2 x}{dt^2} - 2\dfrac{dx}{dt} + x = 0$

特性方程式は $\lambda^2 - 2\lambda + 1 = 0$ で, 2 重解 $\lambda = 1$ をもつ. この場合の解は $x = e^t$ しか求められないが, 定数変化法を用いれば, これと線形独立な解を次のように求めることができる.

$x = Ce^t$ の定数 C を関数 u で置き換えて, $x = ue^t$ とおくと

$$\frac{dx}{dt} = \frac{du}{dt}e^t + ue^t, \quad \frac{d^2 x}{dt^2} = \frac{d^2 u}{dt^2}e^t + 2\frac{du}{dt}e^t + ue^t$$

微分方程式に代入して

$$\frac{d^2 u}{dt^2}e^t + 2\frac{du}{dt}e^t + ue^t - 2\left(\frac{du}{dt}e^t + ue^t\right) + ue^t = 0$$

整理すると

$$\frac{d^2u}{dt^2}e^t = 0 \quad すなわち \quad \frac{d^2u}{dt^2} = 0$$

これから

$$\frac{du}{dt} = \int 0\,dt = C_1 \quad (C_1は任意定数)$$

$$u = \int C_1\,dt = C_1 t + C_2 \quad (C_2は任意定数)$$

したがって

$$x = (C_1 t + C_2)e^t \tag{5.21}$$

関数 $x = te^t$, $x = e^t$ は線形独立だから, (5.21) は一般解である.

同様に, 特性方程式が 2 重解 λ_0 をもつときの一般解は, 次のようになる.

$$x = (C_1 t + C_2)e^{\lambda_0 t}$$

例 5.5 $\dfrac{d^2x}{dt^2} - 2\dfrac{dx}{dt} + 5x = 0$

特性方程式 $\lambda^2 - 2\lambda + 5 = 0$ を解くと

$$\lambda = 1 \pm \sqrt{1-5} = 1 \pm 2i$$

この場合は, $x_1 = e^t \cos 2t$, $x_2 = e^t \sin 2t$ が解である.

例えば, x_1 について

76 ページのオイラーの
公式を参照

$$\frac{dx_1}{dt} = e^t \cos 2t - 2e^t \sin 2t = e^t(\cos 2t - 2\sin 2t)$$

$$\frac{d^2x_1}{dt^2} = e^t(\cos 2t - 2\sin 2t - 2\sin 2t - 4\cos 2t) = e^t(-3\cos 2t - 4\sin 2t)$$

より, $\dfrac{d^2x_1}{dt^2} - 2\dfrac{dx_1}{dt} + 5x_1 = 0$ が示される.

x_1, x_2 は線形独立だから, 一般解は次のようになる.

$$C_1 e^t \cos 2t + C_2 e^t \sin 2t = e^t(C_1 \cos 2t + C_2 \sin 2t)$$

同様に, 特性方程式が相異なる 2 虚数解 $p \pm qi$ をもつ場合の一般解は

$$x = e^{pt}(C_1 \cos qt + C_2 \sin qt) \quad (C_1,\ C_2は任意定数)$$

である.

以上をまとめると, 次の公式が得られる.

公式 5.1

微分方程式 $\dfrac{d^2x}{dt^2} + a\dfrac{dx}{dt} + bx = 0$ の一般解は次のようになる.

（I）特性方程式が相異なる 2 実数解 λ_1, λ_2 をもつとき

$$x = C_1 e^{\lambda_1 t} + C_2 e^{\lambda_2 t}$$

（II）特性方程式が 2 重解 λ_0 をもつとき

$$x = (C_1 t + C_2)e^{\lambda_0 t}$$

（III）特性方程式が相異なる 2 虚数解 $p \pm qi$ をもつとき

$$x = e^{pt}(C_1 \cos qt + C_2 \sin qt)$$

ただし，C_1, C_2 は任意定数である.

問 5.9 次の微分方程式の一般解を求めよ.

(1) $\dfrac{d^2x}{dt^2} - 5\dfrac{dx}{dt} + 6x = 0$ (2) $\dfrac{d^2x}{dt^2} + 6\dfrac{dx}{dt} + 9x = 0$ (3) $\dfrac{d^2x}{dt^2} - 4\dfrac{dx}{dt} + 5x = 0$

(4) $\dfrac{d^2x}{dt^2} - 2\dfrac{dx}{dt} - x = 0$ (5) $\dfrac{d^2x}{dt^2} + 9x = 0$ (6) $\dfrac{d^2x}{dt^2} - 3x = 0$

［例題 5.4］

次の微分方程式において，括弧内の初期条件を満たす解を求めよ.

$$\frac{d^2x}{dt^2} - 2\frac{dx}{dt} + 2x = 0 \quad \left(x(0) = 2,\ \frac{dx}{dt}(0) = 1\right)$$

［解］ 特性方程式 $\lambda^2 - 2\lambda + 2 = 0$ の解は $\lambda = 1 \pm i$ だから，一般解は

$$x = e^t(C_1 \cos t + C_2 \sin t)$$

となる. このとき，積の微分法より

$$\frac{dx}{dt} = e^t(C_1 \cos t + C_2 \sin t) + e^t(-C_1 \sin t + C_2 \cos t)$$

となるから

$$x(0) = C_1, \quad \frac{dx}{dt}(0) = C_1 + C_2$$

初期条件より

$$C_1 = 2, \quad C_1 + C_2 = 1 \quad \therefore\ C_2 = -1$$

となるから，求める解は

$$x = e^t(2 \cos t - \sin t) \qquad\qquad \square$$

問 5.10 $\dfrac{d^2x}{dt^2} - 4\dfrac{dx}{dt} + 4x = 0$, $x(0) = 0$, $\dfrac{dx}{dt}(0) = 2$ を満たす解を求めよ.

5.5 微分方程式の応用

5.5.1 n 次 反 応

ある薬物が化学反応を起こすとき，その濃度は一般には時間とともに減少する．すなわち，時刻 t における濃度を C とすると，**反応速度** $\dfrac{dC}{dt}$ について

$$\frac{dC}{dt} < 0$$

が成り立つ．

整数 n について，反応速度がそのときの濃度の n 乗に比例するとき，すなわち，次の微分方程式を満たすとき，**n 次反応**といい，n を**反応次数**という．

$$\frac{dC}{dt} = -kC^n \quad (k \text{ は正の定数}) \tag{5.22}$$

(5.22) は変数分離形であり，5.2 節の方法により解くことができる．

[**例題 5.5**]

1 次反応について，「$t = 0$ のとき $C = C_0$」を満たす解を求めよ．

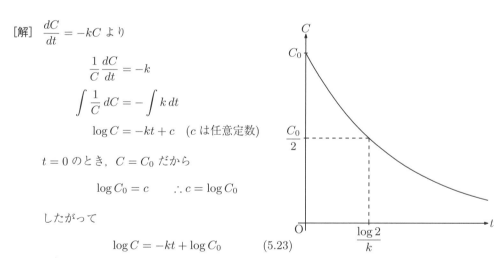

[解] $\dfrac{dC}{dt} = -kC$ より

$$\frac{1}{C}\frac{dC}{dt} = -k$$

$$\int \frac{1}{C}\,dC = -\int k\,dt$$

$$\log C = -kt + c \quad (c \text{ は任意定数})$$

$t = 0$ のとき，$C = C_0$ だから

$$\log C_0 = c \qquad \therefore c = \log C_0$$

したがって

$$\log C = -kt + \log C_0 \tag{5.23}$$

(5.23) より，C は次のように表される．

$$C = C_0 e^{-kt} \qquad \square$$

濃度が初期値 C_0 の半分になるまでの時間 T を**半減期**という．1 次反応のときは，(5.23) より

$$\log \frac{C_0}{2} = -kT + \log C_0$$

$$\log C_0 - \log 2 = -kT + \log C_0$$

これから，半減期 T は次のようになる．

$$T = \frac{\log 2}{k}$$

1 次反応の半減期は初期値によらず一定である．

問 5.11　2 次反応について，「$t = 0$ のとき $C = C_0$」を満たす解を求めよ．

5.5.2　溶 解 速 度

　錠剤が溶解する現象について，溶液の濃度を C とし，飽和溶液の濃度を C_s，錠剤の表面積を S とおくと，次の微分方程式が成り立つという．

ここでは，濃度を C，積分定数を c で表す

$$\frac{dC}{dt} = kS(C_s - C) \tag{5.24}$$

ここで，k, C_s は薬物の種類と錠剤の形状によって定まる正の定数である．また，以下では S も定数とする．

　(5.24) は変数分離形の解法により，次のように解くことができる．

$$\frac{1}{C_s - C}\frac{dC}{dt} = kS$$

$$\int \frac{1}{C_s - C}\, dC = \int kS\, dt$$

$$-\log(C_s - C) = kSt + c \quad (c \text{ は任意定数})$$

初期条件を $C(0) = C_0$ とおくと
$$-\log(C_s - C_0) = 0 + c$$
　　すなわち　$c = -\log(C_s - C_0)$

これから

$$-\log(C_s - C) = kSt - \log(C_s - C_0)$$

$$\log\frac{C_s - C}{C_s - C_0} = -kSt$$

$$\frac{C_s - C}{C_s - C_0} = e^{-kSt}$$

したがって，次の解が得られる．

$$C = C_s - (C_s - C_0)e^{-kSt} \tag{5.25}$$

　(5.25) において，$t \to \infty$ の極限を求めると，$\displaystyle\lim_{t\to\infty} e^{-kSt} = 0$ より

$$\lim_{t\to\infty} C = \lim_{t\to\infty}\left\{C_s - (C_s - C_0)e^{-kSt}\right\} = C_s$$

すなわち，直線 $C = C_s$ は漸近線である．

章末問題 5

— **A** —

5.1 微分方程式 $\dfrac{d^2 x}{dt^2} + x = 0$ について，次の問いに答えよ．

(1) $x = C_1 \cos t + C_2 \sin t$ $(C_1, \ C_2$ は任意定数$)$ は一般解であることを示せ．

(2) 初期条件 $x(0) = 2, \dfrac{dx}{dt}(0) = -1$ を満たす解を求めよ．

(3) 境界条件 $x\left(\dfrac{\pi}{2}\right) = 1, \ x\left(\dfrac{2\pi}{3}\right) = \sqrt{3}$ を満たす解を求めよ．

5.2 次の微分方程式の一般解を求めよ．

(1) $\dfrac{dx}{dt} = t^2 x^3$ 　　　　　(2) $\dfrac{dx}{dt} = \dfrac{x^2}{2t}$ 　　　　　(3) $\dfrac{dx}{dt} = \dfrac{2x + 1}{t + 1}$

(4) $\dfrac{dx}{dt} + x = 2$ 　　　　　(5) $\dfrac{dx}{dt} = 3t^2 e^{-x}$ 　　　　　(6) $\dfrac{dx}{dt} = \dfrac{2tx}{1 + t^2}$

5.3 次の微分方程式の一般解を求めよ．

(1) $\dfrac{dx}{dt} + 2tx = t$ 　　　　　　　　(2) $t\dfrac{dx}{dt} + x = t(1 - t^2)$

(3) $\dfrac{dx}{dt} + 2tx = te^{-t^2}$ 　　　　　　(4) $\dfrac{dx}{dt} + tx = t$

5.4 次の微分方程式の一般解を求めよ．

(1) $\dfrac{d^2 x}{dt^2} + \dfrac{dx}{dt} - 6x = 0$ 　　(2) $\dfrac{d^2 x}{dt^2} + 2\dfrac{dx}{dt} + x = 0$ 　　(3) $\dfrac{d^2 x}{dt^2} - 2\dfrac{dx}{dt} + 2x = 0$

5.5 次の微分方程式について，括弧内の条件を満たす解を求めよ．

(1) $\dfrac{dx}{dt} = 3x$ 　　　　　　　　$\left(x(0) = 1\right)$

(2) $\dfrac{dx}{dt} = 2t \cos^2 x$ 　　　　　$\left(x(0) = 0\right)$

(3) $\dfrac{d^2 x}{dt^2} - \dfrac{dx}{dt} - 2x = 0$ 　　$\left(x(0) = 2, \ \dfrac{dx}{dt}(0) = 1\right)$

(4) $\dfrac{d^2 x}{dt^2} + 2\dfrac{dx}{dt} + x = 0$ 　　$\left(x(0) = 2, \ x(1) = e\right)$

(5) $\dfrac{dx}{dt} + 3x = t$ 　　　　　　$\left(x(0) = 1\right)$

(6) $\dfrac{dx}{dt} + \dfrac{2}{t}x = t$ 　　　　　$\left(x(1) = \dfrac{1}{4}\right)$

— **B** —

5.6 微分方程式 $\dfrac{dx}{dt} + x = tx^2$ について，次の問いに答えよ.

(1) $y = \dfrac{1}{x}$ とおくとき，y についての微分方程式をつくれ.

(2) x の一般解を求めよ.

5.7 次の微分方程式について，以下の問いに答えよ.

$$\frac{dx}{dt} = kx(A - x) \qquad (k,\ A \text{ は正の定数})$$

(1) 一般解を求めよ.

(2) $x(0) = x_0$ を満たす解を求めよ. ただし，$0 < x_0 < A$ とする.

(3) (2) の解 $x = x(t)$ について，$\displaystyle\lim_{t \to \infty} x(t)$ を求めよ.

5.8 1 階微分方程式において，$\dfrac{dx}{dt}$ を $x,\ t$ の式で表したとき

$$\frac{dx}{dt} = \frac{x}{t} - \left(\frac{x}{t}\right)^2 \tag{①}$$

のように，右辺が $\dfrac{x}{t}$ だけの式になるならば，この微分方程式を**同次形**という. ① において

$$\frac{x}{t} = u \tag{②}$$

によって関数 u を定めると，$x = tu$ となるから

$$\frac{dx}{dt} = \frac{d}{dt}(t)u + t\frac{du}{dt} = u + t\frac{du}{dt} \tag{③}$$

②，③を①に代入すると

$$u + t\frac{du}{dt} = u - u^2 \qquad \therefore\ \ t\frac{du}{dt} = -u^2$$

となり，変数分離形の微分方程式が得られる.

同次形の微分方程式 $\dfrac{dx}{dt} = \dfrac{t^2 + x^2}{2tx}$ について，次の問いに答えよ.

(1) $u = \dfrac{x}{t}$ とおくことにより，変数分離形の微分方程式で表せ.

(2) 一般解を求めよ.

6

ベクトルと行列

6.1 平面のベクトル

6.1.1 ベクトルの定義

図のように，矢印のついた線分 AB を**有向線分**といい，A を**始点**，B を**終点**という．有向線分 AB を $\overrightarrow{AB}$ と表し，**ベクトル**という．ベクトルを 1 文字で表す場合は，太文字 a, b, c, $\cdots$ などで表すことにする．始点 A，終点 B のベクトルを a とすると，$a = \overrightarrow{AB}$ である．有向線分の向きをベクトルの**向き**といい，長さをベクトルの**大きさ**という．

2 つのベクトル $a = \overrightarrow{AB}$ と $b = \overrightarrow{CD}$ について，それらの向きが等しく，大きさも等しいとき，a と b は等しいといい，$a = b$ または $\overrightarrow{AB} = \overrightarrow{CD}$ と表す．

例 **6.1** 図の平行四辺形 ABCD において
$$\overrightarrow{AB} = \overrightarrow{DC}, \quad \overrightarrow{BC} = \overrightarrow{AD}$$
である．

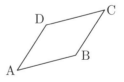

問 **6.1** 図の正方形 ABCD において，A, B, C, D, M を始点または終点とするベクトルのうち，等しいベクトルの組をすべて求めよ．

ベクトル $a = \overrightarrow{AB}$ の大きさを $|a|$ または $|\overrightarrow{AB}|$ と表す．大きさが 0 のベクトルを**零ベクトル**といい，o と表す．

大きさが 1 であるベクトルを**単位ベクトル**という．

$a = \overrightarrow{AB}$ と向きが逆で大きさが等しいベクトルを a の**逆ベクトル**といい，$-a$ と表す．$\overrightarrow{BA} = -a$ である．

6.1.2　ベクトルの和・差・スカラー倍

ベクトル $\boldsymbol{a}$ の終点とベクトル $\boldsymbol{b}$ の始点を一致させたとき，$\boldsymbol{a}$ の始点から $\boldsymbol{b}$ の終点までのベクトルを $\boldsymbol{a}$, $\boldsymbol{b}$ の和 $\boldsymbol{a}+\boldsymbol{b}$ と定める．また，正の実数 m について，スカラー倍 $m\boldsymbol{a}$ を $\boldsymbol{a}$ と同じ向きで大きさを m 倍したベクトルとする．

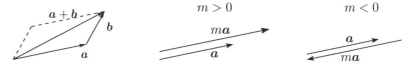

$m < 0$ のとき，$m\boldsymbol{a}$ は大きさが $\boldsymbol{a}$ の $|m|$ 倍で，$\boldsymbol{a}$ と向きが逆のベクトルである．特に，$-\boldsymbol{a} = (-1)\boldsymbol{a}$ である．

ベクトルの和とスカラー倍について，次の性質が成り立つ．

公式 6.1 ━━━━━━━━━━━━━━━━━━━━━━━━━━━━━━━━

$\boldsymbol{a}$, $\boldsymbol{b}$, $\boldsymbol{c}$ はベクトルで m, n を実数とするとき

(1) $\boldsymbol{a} + \boldsymbol{b} = \boldsymbol{b} + \boldsymbol{a}$ 　　　　　　　　　　（交換法則）

(2) $(\boldsymbol{a} + \boldsymbol{b}) + \boldsymbol{c} = \boldsymbol{a} + (\boldsymbol{b} + \boldsymbol{c})$ 　　　（結合法則）

(3) $m(n\boldsymbol{a}) = (mn)\boldsymbol{a}$

(4) $(m + n)\boldsymbol{a} = m\boldsymbol{a} + n\boldsymbol{a}$

(5) $m(\boldsymbol{a} + \boldsymbol{b}) = m\boldsymbol{a} + m\boldsymbol{b}$

(6) $|m\boldsymbol{a}| = |m||\boldsymbol{a}|$

━━━━━━━━━━━━━━━━━━━━━━━━━━━━━━━━━━━━━━━

例 6.2　$3(\boldsymbol{a} + 2\boldsymbol{b}) + 2\boldsymbol{a} = 3\boldsymbol{a} + 6\boldsymbol{b} + 2\boldsymbol{a} = 5\boldsymbol{a} + 6\boldsymbol{b}$

2 つのベクトル $\boldsymbol{a}$, $\boldsymbol{b}$ について

$$\boldsymbol{a} + \boldsymbol{x} = \boldsymbol{b}$$

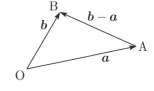

を満たすベクトル $\boldsymbol{x}$ を $\boldsymbol{b}$ から $\boldsymbol{a}$ を引いた**差**といい，$\boldsymbol{b} - \boldsymbol{a}$ と表す．

このとき，$\boldsymbol{a} = \overrightarrow{\mathrm{OA}}$, $\boldsymbol{b} = \overrightarrow{\mathrm{OB}}$ とすると $\boldsymbol{x} = \overrightarrow{\mathrm{AB}}$ となり，次の等式が成り立つ．

$$\overrightarrow{\mathrm{AB}} = \overrightarrow{\mathrm{OB}} - \overrightarrow{\mathrm{OA}}$$

問 6.2　次の各ベクトルを簡単にせよ．

(1) $5(\boldsymbol{a} + 3\boldsymbol{b}) + 2(2\boldsymbol{a} + \boldsymbol{b})$ 　　　　　(2) $-(6\boldsymbol{a} + 7\boldsymbol{b}) - 3(\boldsymbol{a} - 4\boldsymbol{b})$

問 6.3　$\overrightarrow{\mathrm{AC}} + 2\overrightarrow{\mathrm{BA}}$ を $\overrightarrow{\mathrm{OA}}$, $\overrightarrow{\mathrm{OB}}$, $\overrightarrow{\mathrm{OC}}$ で表せ．

6.1.3 ベクトルの成分表示

座標平面において，原点 O を始点とし点
A を終点とするベクトル $\overrightarrow{\text{OA}}$ を点 A の**位置
ベクトル**という．点 $(1,\ 0)$，および点 $(0,\ 1)$
の位置ベクトルをそれぞれ $\boldsymbol{e}_1$，$\boldsymbol{e}_2$ で表し，
基本ベクトルという．

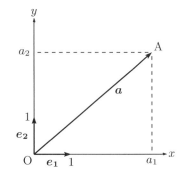

任意のベクトル $\boldsymbol{a}$ について

$$\boldsymbol{a} = \overrightarrow{\text{OA}}$$

とし，終点 A の座標を $(a_1,\ a_2)$ とおくと

$$\boldsymbol{a} = a_1\boldsymbol{e}_1 + a_2\boldsymbol{e}_2$$

である．$(a_1,\ a_2)$ を $\boldsymbol{a}$ の**成分表示**といい

$$\boldsymbol{a} = (a_1,\ a_2)$$

と表す．a_1，a_2 をそれぞれ $\boldsymbol{a}$ の**第1成分**，**第2成分**という．

平面上のベクトルの成分表示について，次の性質が成り立つ．

公式 6.2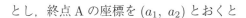

$\boldsymbol{a} = (a_1,\ a_2)$, $\boldsymbol{b} = (b_1,\ b_2)$ で，m が実数のとき

(1) $\boldsymbol{a} = \boldsymbol{b} \iff a_1 = b_1,\ a_2 = b_2$

(2) $\boldsymbol{a} \pm \boldsymbol{b} = (a_1 \pm b_1,\ a_2 \pm b_2)$ （複号同順）

(3) $m\boldsymbol{a} = (ma_1,\ ma_2)$

(4) $|\boldsymbol{a}| = \sqrt{a_1{}^2 + a_2{}^2}$

例 6.3 $\boldsymbol{a} = (2,\ 3)$, $\boldsymbol{b} = (1,\ -4)$ のとき

$$2\boldsymbol{a} + 3\boldsymbol{b} = 2(2,\ 3) + 3(1,\ -4) = (4,\ 6) + (3,\ -12) = (7,\ -6)$$

また

$$|a| = \sqrt{13}, \quad |b| = \sqrt{17}, \quad |2\boldsymbol{a} + 3\boldsymbol{b}| = \sqrt{85}$$

問 6.4 $\boldsymbol{a} = (2,\ 3)$, $\boldsymbol{b} = (1,\ -4)$, $\boldsymbol{c} = (3,\ -3)$ のとき，次のベクトルの成分表示を求めよ．また，大きさを求めよ．

(1) $\boldsymbol{a} + \boldsymbol{b} + \boldsymbol{c}$ 　　　(2) $3\boldsymbol{a} - 2\boldsymbol{b} + 4(\boldsymbol{b} + \boldsymbol{c})$ 　　　(3) $\dfrac{1}{4}(\boldsymbol{a} + 3\boldsymbol{b}) - \dfrac{1}{2}\boldsymbol{c}$

6.1.4 内　　積

o でないベクトル a, b について

$$a = \overrightarrow{\mathrm{OA}}, \quad b = \overrightarrow{\mathrm{OB}}$$

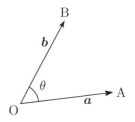

となる点 O, A, B をとる. このとき, $\angle \mathrm{AOB} = \theta$
を a と b のなす角という. θ は通常 $0 \leqq \theta \leqq \pi$ の範
囲にとる. このとき

$$a \cdot b = |a||b| \cos\theta \qquad (6.1)$$

を a と b の**内積**という. $a = o$ または $b = o$ のときは, $a \cdot b = 0$ と定める.

内積をベクトルの成分によって計算する公式を求めよう.

上の図において, 点 $\mathrm{O}(0, 0)$, $\mathrm{A}(a_1, a_2)$, $\mathrm{B}(b_1, b_2)$ とおき, $\triangle\mathrm{OAB}$ に余弦
定理を適用すると

$$\mathrm{AB}^2 = \mathrm{OA}^2 + \mathrm{OB}^2 - 2\,\mathrm{OA} \times \mathrm{OB} \cos\theta$$

これから

$$\mathrm{OA} \times \mathrm{OB} \cos\theta = \frac{1}{2}\left(\mathrm{OA}^2 + \mathrm{OB}^2 - \mathrm{AB}^2\right)$$

$$= \frac{1}{2}\left(({a_1}^2 + {a_2}^2) + ({b_1}^2 + {b_2}^2) - \left\{(b_1 - a_1)^2 + (b_2 - a_2)^2\right\}\right)$$

$$= a_1 b_1 + a_2 b_2$$

左辺は (6.1) と一致するから, 次の公式が得られる.

公式 6.3

$a = (a_1, a_2)$, $b = (b_1, b_2)$ のとき　$a \cdot b = a_1 b_1 + a_2 b_2$

例 6.4　$a = (3, 2)$, $b = (-1, 5)$ のとき　$a \cdot b = 3 \times (-1) + 2 \times 5 = 7$

問 6.5　次の各組のベクトルの内積を求めよ.

(1) $(-5, 2)$, $(-2, 8)$　　　　　　　　(2) $(3, 0)$, $(0, 2)$

定義式 (6.1) および公式 6.3 より, 内積について次の性質が得られる.

公式 6.4

ベクトル a, b, c と実数 m について

(1) $a \cdot a = |a|^2$

(2) $a \cdot b = b \cdot a$

(3) $a \cdot (b \pm c) = a \cdot b \pm a \cdot c$　　　(複号同順)

(4) $(ma) \cdot b = a \cdot (mb) = m(a \cdot b)$

例 6.5 $(a + b) \cdot (a - b) = a \cdot a + b \cdot a - a \cdot b - b \cdot b = a \cdot a - b \cdot b = |a|^2 - |b|^2$

問 6.6 次の等式を示せ.

$$|a + b|^2 = (a + b) \cdot (a + b) = |a|^2 + 2\,a \cdot b + |b|^2$$

o でない 2 つのベクトル a, b のなす角を θ とおくと,内積の定義 (6.1) より次が得られる.

$$\cos \theta = \frac{a \cdot b}{|a||b|} \tag{6.2}$$

特に,$a = (a_1, a_2)$, $b = (b_1, b_2)$ が o でないとき,a と b のなす角 θ は

$$\cos \theta = \frac{a_1 b_1 + a_2 b_2}{\sqrt{a_1{}^2 + a_2{}^2}\sqrt{b_1{}^2 + b_2{}^2}} \tag{6.3}$$

から定まる.θ は $0 \leqq \theta \leqq \pi$ の範囲で定めるのが普通である.

[例題 6.1]

$a = (\sqrt{6},\ \sqrt{2})$, $b = (1,\ \sqrt{3})$ のとき,a, b のなす角 θ を求めよ.

[解] (6.3) より

$$\cos \theta = \frac{\sqrt{6} \times 1 + \sqrt{2} \times \sqrt{3}}{\sqrt{\sqrt{6}^2 + \sqrt{2}^2} \times \sqrt{1^2 + \sqrt{3}^2}} = \frac{2\sqrt{6}}{2\sqrt{2} \times 2} = \frac{\sqrt{3}}{2}$$

$0 \leqq \theta \leqq \pi$ の範囲でこの条件を満たす角を探すと $\quad \theta = \dfrac{\pi}{6}$ $\qquad\qquad$ □

問 6.7 次の各組のベクトルのなす角 θ を求めよ.

(1) $(1,\ 2)$, $(-3,\ -1)$ $\qquad\qquad$ (2) $(-2,\ 1)$, $(6,\ -3)$

o でない 2 つのベクトル a と b のなす角が直角であるとき,a と b は **垂直** である,または **直交** するといい,$a \perp b$ と表す.また,o はすべてのベクトルと垂直であると定める.このとき,$\cos \dfrac{\pi}{2} = 0$ より次の公式が成り立つ.

公式 6.5 ───────────────────────────────

$$a \perp b \iff a \cdot b = 0$$

──

問 6.8 次の各組のベクトルが垂直となるときの k の値を求めよ.

(1) $(-3,\ 5)$, $(3k + 1,\ 1 - k)$ $\qquad\qquad$ (2) $(k - 2,\ 4)$, $(1,\ k + 1)$

o でない 2 つのベクトル a と b の向きが等しいか，または逆であるとき，a と b は**平行**であるといい，$a \mathbin{/\!/} b$ と表す．また，o はすべてのベクトルと平行であると定める．

このとき，次の公式が成り立つ．

公式 6.6

$a \mathbin{/\!/} b \iff b = ma$ （または $a = mb$）を満たす実数 m が存在する．

[例題 6.2]

$a = (3,\ 2)$ と $b = (2k-1,\ -k)$ が平行となるときの k の値を求めよ．

[解] $(2k-1,\ -k) = m(3,\ 2)$ を満たす実数 m が存在するから

$$2k - 1 = 3m, \quad -k = 2m$$

この連立方程式を解くことにより $\quad k = \dfrac{2}{7}$ ☐

問 6.9 次の各組のベクトルが平行となるときの k の値を求めよ．

(1) $(-3,\ 5),\ (3k+1,\ 1-k)$ (2) $(k-2,\ 4),\ (1,\ k+1)$

6.2 空間のベクトル

6.2.1 空間座標

平面上の座標にならい，空間内の点の位置を表す方法を考えよう．

空間内の定点 O で互いに直交する 3 直線 Ox, Oy, Oz を引く．各直線は O を原点とし，図のように，半直線 Ox を 90° 回転して半直線 Oy に重ねるように右ねじを回すときにねじが進む向きを半直線 Oz とする．直線 Ox, Oy, Oz をそれぞれ **x 軸**，**y 軸**，**z 軸**といい，これらをまとめて**座標軸**という．

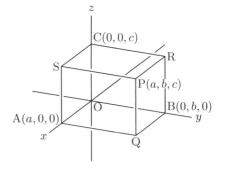

x 軸と y 軸を含む平面，y 軸と z 軸を含む平面，z 軸と x 軸を含む平面をそれぞれ **xy 平面**，**yz 平面**，**zx 平面**といい，まとめて**座標平面**という．

空間における任意の点 P に対して，P を通り，各座標平面に平行な平面が，x 軸，y 軸，z 軸と交わる点をそれぞれ図のように A, B, C とする．点 A, B, C の各座標軸上での座標がそれぞれ a, b, c であるとき，点 P の位置は 3 つの実数の組 $(a,\ b,\ c)$ によって定まる．これを点 P の**座標**といい，点 P の座標が

(a, b, c) であることを，$P(a, b, c)$ と表す．a, b, c をそれぞれ点 P の **x 座標**，**y 座標**，**z 座標**という．

100 ページの図において，点 Q は点 P を通り，xy 平面に垂直な直線と xy 平面との交点である．このとき，直線 PQ を P から xy 平面に下ろした**垂線**という．

問 6.10 100 ページの図で，$P(2, 4, 3)$ のとき，点 P から yz 平面に下ろした垂線と yz 平面の交点 R の座標を求めよ．

原点 O と点 $A(a, b, c)$ の間の距離を求めよう．

点 A から xy 平面に垂線 AH を引く．$H(a, b, 0)$ だから，三平方の定理より
$$OA^2 = OH^2 + AH^2$$
$$= (a^2 + b^2) + c^2$$
よって
$$OA = \sqrt{a^2 + b^2 + c^2}$$

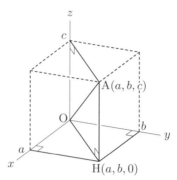

問 6.11 原点 O と点 $P(2, 4, 3)$ の距離を求めよ．

6.2.2 空間のベクトル

平面の場合と同様に，空間のベクトルや，その和・差・スカラー倍が定義される．また，96 ページの公式 6.1 は，空間の場合でも同様に成り立つ．

空間のベクトルの成分表示については，次のようになる．

座標空間において，各座標軸上に点

$E_1(1, 0, 0), E_2(0, 1, 0), E_3(0, 0, 1)$

をとる．このとき

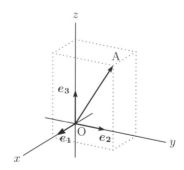

$$e_1 = \overrightarrow{OE_1}, \ e_2 = \overrightarrow{OE_2}, \ e_3 = \overrightarrow{OE_3}$$

を空間における**基本ベクトル**という．

任意のベクトル $\boldsymbol{a} = \overrightarrow{OA}$ について，A の座標を (a_1, a_2, a_3) とおくと

$$\boldsymbol{a} = a_1 \boldsymbol{e}_1 + a_2 \boldsymbol{e}_2 + a_3 \boldsymbol{e}_3$$

となる．$\boldsymbol{a} = (a_1, a_2, a_3)$ を $\boldsymbol{a}$ の**成分表示**という．

ベクトルの和，スカラー倍，内積などの成分表示による計算は，平面の場合と同様である．

これらについて，次の公式が成り立つ．

公式 6.7 ─────────────────────────────────

$\boldsymbol{a} = (a_1,\ a_2,\ a_3),\ \boldsymbol{b} = (b_1,\ b_2,\ b_3)$ で, m が実数のとき

(1) $\boldsymbol{a} = \boldsymbol{b} \iff a_1 = b_1,\ a_2 = b_2,\ a_3 = b_3$

(2) $\boldsymbol{a} \pm \boldsymbol{b} = (a_1 \pm b_1,\ a_2 \pm b_2,\ a_3 \pm b_3)$ (複号同順)

(3) $m\boldsymbol{a} = (ma_1,\ ma_2,\ ma_3)$

(4) $|\boldsymbol{a}| = \sqrt{a_1{}^2 + a_2{}^2 + a_3{}^2}$

(5) $\boldsymbol{a} \cdot \boldsymbol{b} = a_1 b_1 + a_2 b_2 + a_3 b_3$

───

例 6.6 $\boldsymbol{a} = (2,\ 0,\ 5),\ \boldsymbol{b} = (1,\ 3,\ -1)$ のとき

$$2\boldsymbol{a} + 3\boldsymbol{b} = 2(2,\ 0,\ 5) + 3(1,\ 3,\ -1) = (7,\ 9,\ 7)$$
$$|2\boldsymbol{a} + 3\boldsymbol{b}| = \sqrt{7^2 + 9^2 + 7^2} = \sqrt{179}$$
$$\boldsymbol{a} \cdot \boldsymbol{b} = 2 \times 1 + 0 \times 3 + 5 \times (-1) = -3$$

問 6.12 $\boldsymbol{a} = (3,\ -1,\ 1),\ \boldsymbol{b} = (-2,\ 3,\ 2)$ のとき, 次のベクトル $\boldsymbol{c},\ \boldsymbol{d}$ の成分表示と大きさを求めよ. また, 内積 $\boldsymbol{a} \cdot \boldsymbol{b}$ および $\boldsymbol{c} \cdot \boldsymbol{d}$ を求めよ.

(1) $\boldsymbol{c} = 2\boldsymbol{a} - \boldsymbol{b}$ (2) $\boldsymbol{d} = 4\boldsymbol{a} + 3\boldsymbol{b}$

平面のベクトルの場合と同様に, $\boldsymbol{a} = (a_1,\ a_2,\ a_3),\ \boldsymbol{b} = (b_1,\ b_2,\ b_3)$ が $\boldsymbol{o}$ でないとき, $\boldsymbol{a}$ と $\boldsymbol{b}$ のなす角 θ が

$$\cos\theta = \frac{a_1 b_1 + a_2 b_2 + a_3 b_3}{\sqrt{a_1{}^2 + a_2{}^2 + a_3{}^2}\sqrt{b_1{}^2 + b_2{}^2 + b_3{}^2}}$$

により求められる.

問 6.13   次の各組のベクトルのなす角 θ について, $\cos\theta$ を求めよ.

(1) $(-2,\ 1,\ 2),\ (4,\ 1,\ -1)$ (2) $(7,\ 2,\ 1),\ (5,\ 5,\ 0)$

6.2.3 直線の方程式

空間における直線の方程式をベクトルを用いて求めよう.

直線 ℓ は, 定点 $\mathrm{A}(a_1,\ a_2,\ a_3)$ を通り, $\boldsymbol{o}$ でないベクトル $\boldsymbol{v}$ に平行であるとする. このとき, ℓ 上の任意の点を P とおき, その位置ベクトル $\overrightarrow{\mathrm{OP}}$ を考えると, $\overrightarrow{\mathrm{AP}}$ が $\boldsymbol{v}$ と平行であることから, 直線 ℓ のベクトル方程式

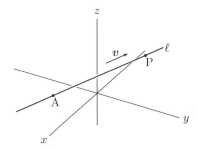

$$\overrightarrow{\mathrm{OP}} = \overrightarrow{\mathrm{OA}} + t\boldsymbol{v} \qquad (6.4)$$

が得られる. $\boldsymbol{v}$ を ℓ の**方向ベクトル**という.

点 A, P の座標をそれぞれ $(a_1,\ a_2,\ a_3)$, $(x,\ y,\ z)$ とし, $\boldsymbol{v} = (v_1,\ v_2,\ v_3)$ とおくと, (6.4) より, 直線 ℓ の媒介変数 t による方程式

$$x = a_1 + tv_1,\ y = a_2 + tv_2,\ z = a_3 + tv_3 \qquad (t \text{ は実数}) \tag{6.5}$$

が得られる.

[例題 6.3]

2 点 A(5, -2, 6), B(2, 3, 4) を通る直線 AB の媒介変数による方程式を求めよ.

[解] $\overrightarrow{AB} = \overrightarrow{OB} - \overrightarrow{OA} = (-3,\ 5,\ -2)$ は直線 AB の方向ベクトルの 1 つであり, 直線 AB は点 A を通るから, (6.5) より

$$x = 5 - 3t,\ y = -2 + 5t,\ z = 6 - 2t \qquad (t \text{ は実数}) \qquad \Box$$

注 B を通ることを用いて, $x = 2 - 3t,\ y = 3 + 5t,\ z = 4 - 2t$ としてもよい.

問 6.14 次の直線について, 媒介変数による方程式を求めよ.

(1) 点 $(1,\ 0,\ 4)$ を通り, 方向ベクトルが $(2,\ 6,\ 3)$ である直線

(2) 点 $(2,\ 7,\ 3)$ を通り, 方向ベクトルが $(0,\ 1,\ 1)$ である直線

(3) 2 点 $(-1,\ 3,\ -2)$, $(6,\ 2,\ 2)$ を通る直線

6.2.4 平面の方程式

空間における平面の方程式をベクトルを用いて求めよう.

平面 α に対し, α 上の定点 A$(a_1,\ a_2,\ a_3)$ と, α に垂直な $\boldsymbol{o}$ でないベクトル $\boldsymbol{n}$ をとる.

このとき, α 上の任意の点を P とおくと, $\overrightarrow{AP} \perp \boldsymbol{n}$, すなわち, $\overrightarrow{AP}$ と $\boldsymbol{n}$ の内積は 0 となるから

$$\boldsymbol{n} \cdot \overrightarrow{AP} = 0$$

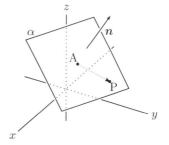

が成り立つ. $\overrightarrow{AP} = \overrightarrow{OP} - \overrightarrow{OA}$ を用いると

$$\boldsymbol{n} \cdot (\overrightarrow{OP} - \overrightarrow{OA}) = 0 \tag{6.6}$$

となる. これを平面 α の**ベクトル方程式**, $\boldsymbol{n}$ を α の**法線ベクトル**という.

点 A, P の座標をそれぞれ $(a_1,\ a_2,\ a_3)$, $(x,\ y,\ z)$ とし, $\boldsymbol{n} = (n_1,\ n_2,\ n_3)$ とおくと

$$\overrightarrow{OP} - \overrightarrow{OA} = (x - a_1,\ y - a_2,\ z - a_3)$$

したがって, (6.6) より次が得られる.

$$n_1(x - a_1) + n_2(y - a_2) + n_3(z - a_3) = 0 \tag{6.7}$$

[例題 6.4]

点 $(4, -7, -1)$ を通り，ベクトル $(2, 3, -5)$ を法線ベクトルとする平面の方程式を求めよ．

[解] (6.7) より

$$2(x-4) + 3(y+7) - 5(z+1) = 0$$

展開して整理すると

$$2x + 3y - 5z + 8 = 0 \qquad \square$$

問 6.15　次の平面の方程式を求めよ．

(1) 点 $(1, 0, 4)$ を通り，$(2, 6, 3)$ を法線ベクトルとする平面

(2) 点 $(2, 7, 3)$ を通り，直線 $x = 1$, $y = 2 + 4t$, $z = 3t$ に垂直な平面

6.3　行列の定義と基本演算

6.3.1　行列の定義

$m \times n$ 個の数 a_{ij} $(1 \leqq i \leqq m, 1 \leqq j \leqq n)$ を，次のように長方形状に並べたものを**行列**という．行列は ( ) で囲んで表す．行列を 1 文字で表す場合は，A, B, C などの大文字を用いることにする．

$$A = \begin{pmatrix} a_{11} & a_{12} & \cdots & a_{1n} \\ a_{21} & a_{22} & \cdots & a_{2n} \\ \vdots & \vdots & \cdots & \vdots \\ a_{m1} & a_{m2} & \cdots & a_{mn} \end{pmatrix}$$

行列の個々の数をその行列の**成分**という．行列 A において成分の横の並びを**行**といい，上から順に第 1 行，第 2 行，$\cdots$，第 m 行という．同様に，成分の縦の並びを**列**といい，左から順に第 1 列，第 2 列，$\cdots$，第 n 列という．

$$\begin{array}{c} \\ \text{第 1 行} \\ \text{第 2 行} \\ \vdots \\ \text{第 } m \text{ 行} \end{array} \begin{array}{cccc} \text{第 1 列} & \text{第 2 列} & \cdots & \text{第 } n \text{ 列} \\ \begin{pmatrix} a_{11} & a_{12} & \cdots & a_{1n} \\ a_{21} & a_{22} & \cdots & a_{2n} \\ \vdots & \vdots & \cdots & \vdots \\ a_{m1} & a_{m2} & \cdots & a_{mn} \end{pmatrix} \end{array}$$

行数が m，列数が n の行列を **m 行 n 列の行列**，または **$m \times n$ 型行列**という．簡単に **$m \times n$ 行列**と表すことも多い．行列 A の i 行 j 列にある成分を a_{ij} と表し，A の **(i, j) 成分**という．この行列 A を $(a_{ij})_{1 \leqq i \leqq m, 1 \leqq j \leqq n}$ あるいは単に (a_{ij}) と表すこともある．

例 6.7　$A = \begin{pmatrix} -2 & 1 & 5 \\ 0 & 4 & -3 \end{pmatrix}$ は 2×3 行列で，$(1, 3)$ 成分は 5 である．

$1 \times n$ 行列を (n 次) **行ベクトル**，$m \times 1$ 行列を (m 次) **列ベクトル**という．また，1×1 行列 (a_{11}) は単に a_{11} と表す．

$$(a_1\ a_2\ \cdots\ a_n), \quad \begin{pmatrix} b_1 \\ b_2 \\ \vdots \\ b_m \end{pmatrix}$$

2つの行列は，行数が等しく，列数も等しいとき，**同じ型**であるという．2つの $m \times n$ 行列 $A = (a_{ij})$, $B = (b_{ij})$ について

$$a_{ij} = b_{ij} \qquad (1 \leqq i \leqq m, \ 1 \leqq j \leqq n)$$

が成り立つとき，行列 A と B は**等しい**といい，$A = B$ と表す．

例 6.8 $A = \begin{pmatrix} 3 & 1 \\ 5 & 4 \end{pmatrix}$, $B = \begin{pmatrix} 3 & 1 \\ 5 & 4 \end{pmatrix}$, $C = \begin{pmatrix} 1 & 1 \\ 5 & 0 \end{pmatrix}$, $D = \begin{pmatrix} 1 & -2 & 0 \\ 0 & 3 & 2 \end{pmatrix}$

A, B, C は同じ型であり，$A = B$, $A \neq C$ である．A と D のように型が異なる場合は，$A \neq D$ である．

成分がすべて0である行列を**零行列**といい，O で表す．

行数と列数が等しい行列を**正方行列**という．n 行 n 列の正方行列を **n 次正方行列**という．n 次正方行列 $A = (a_{ij})$ において a_{11}, a_{22}, $\cdots$, a_{nn} を**対角成分**という．対角成分以外の成分がすべて0である行列を**対角行列**という．すべての対角成分が1であるような対角行列を**単位行列**といい，E と表す．

$$A = \begin{pmatrix} a_{11} & a_{12} & \cdots & a_{1n} \\ a_{21} & a_{22} & \cdots & a_{2n} \\ \vdots & \vdots & \ddots & \vdots \\ a_{n1} & a_{n2} & \cdots & a_{nn} \end{pmatrix}$$

例 6.9 $\begin{pmatrix} 6 & 0 & 0 \\ 0 & -3 & 0 \\ 0 & 0 & 1 \end{pmatrix}$ は対角行列で $\begin{pmatrix} 1 & 0 & 0 \\ 0 & 1 & 0 \\ 0 & 0 & 1 \end{pmatrix}$ は単位行列である．

6.3.2 行列の和・差，スカラー倍

同じ型の行列 $A = (a_{ij})$, $B = (b_{ij})$ に対し，$a_{ij} + b_{ij}$ を (i, j) 成分とする行列を A と B の**和**といい，$A + B$ と表す．A, B が $m \times n$ 行列とすると

$$A + B = \begin{pmatrix} a_{11} + b_{11} & a_{12} + b_{12} & \cdots & a_{1n} + b_{1n} \\ a_{21} + b_{21} & a_{22} + b_{22} & \cdots & a_{2n} + b_{2n} \\ \vdots & \vdots & \cdots & \vdots \\ a_{m1} + b_{m1} & a_{m2} + b_{m2} & \cdots & a_{mn} + b_{mn} \end{pmatrix}$$

問 6.16 次の計算をせよ．

(1) $\begin{pmatrix} 2 & 4 & 2 \\ 1 & 4 & 0 \end{pmatrix} + \begin{pmatrix} 2 & 4 & 3 \\ 3 & -2 & 3 \end{pmatrix}$ (2) $\begin{pmatrix} -3 & 6 \\ 0 & 4 \\ 8 & -5 \end{pmatrix} + \begin{pmatrix} 3 & -10 \\ 2 & -9 \\ 1 & 3 \end{pmatrix}$

$A + B$ の成分は A の成分と B の成分の和だから，ベクトルの和と同様に，行列の和についても交換法則や結合法則が成り立つ．

公式 **6.8** ━━━━━━━━━━━━━━━━━━━━━━━━━━━━━

A, B, C が同じ型の行列のとき

(1) $A + B = B + A$ (交換法則)

(2) $(A + B) + C = A + (B + C)$ (結合法則)

━━━━━━━━━━━━━━━━━━━━━━━━━━━━━━━━━━━━━━━

結合法則により，同じ型の行列の和は，計算する順序に関係なく定まるから，$(A + B) + C$ や $A + (B + C)$ を単に $A + B + C$ と表すことができる．また，行列 A と零行列 O が同じ型のとき，明らかに次の等式が成り立つ．

$$A + O = O + A = A$$

A, B を同じ型の行列とするとき，$A + X = B$ を満たす X を B から A を引いた差といい，$B - A$ と表す．$B - A$ の各成分は，対応する B と A の成分の差である．$O - A$ を $-A$ と表す．$A = (a_{ij})$ のとき，$-A = (-a_{ij})$ である．

$$B - A = \begin{pmatrix} b_{11} - a_{11} & b_{12} - a_{12} & \cdots & b_{1n} - a_{1n} \\ b_{21} - a_{21} & b_{22} - a_{22} & \cdots & b_{2n} - a_{2n} \\ \vdots & \vdots & \cdots & \vdots \\ b_{m1} - a_{m1} & b_{m2} - a_{m2} & \cdots & b_{mn} - a_{mn} \end{pmatrix}$$

問 6.17 次の計算をせよ．

(1) $\begin{pmatrix} 5 & -2 & 8 \\ -1 & 6 & 0 \end{pmatrix} - \begin{pmatrix} 1 & 2 & 4 \\ -3 & 5 & -8 \end{pmatrix}$ (2) $\begin{pmatrix} 1 & 2 \\ 3 & 4 \\ 5 & 6 \end{pmatrix} - \begin{pmatrix} 6 & 5 \\ 4 & 3 \\ 2 & 1 \end{pmatrix}$

k を任意の数，$A = (a_{ij})$ とするとき，行列 (ka_{ij}) を A の k 倍，または，k による A の**スカラー倍**といい，kA と表す．kA の定義から次の等式が成り立つ．

$$0A = O, \quad 1A = A, \quad (-1)A = -A$$

例 6.10 $A = \begin{pmatrix} 1 & 3 \\ -2 & 0 \end{pmatrix}$ のとき $3A = \begin{pmatrix} 3 \times 1 & 3 \times 3 \\ 3 \times (-2) & 3 \times 0 \end{pmatrix} = \begin{pmatrix} 3 & 9 \\ -6 & 0 \end{pmatrix}$

また，ベクトルと同様に，行列のスカラー倍についても次の性質が成り立つ．

公式 **6.9** ━━━━━━━━━━━━━━━━━━━━━━━━━━━━━

A, B を同じ型の行列，k, l を任意の数とするとき

(1) $k(A + B) = kA + kB$

(2) $(k \pm l)A = kA \pm lA$ (複号同順)

(3) $(kl)A = k(lA)$

━━━━━━━━━━━━━━━━━━━━━━━━━━━━━━━━━━━━━━━

[例題 6.5]

$A = \begin{pmatrix} 1 & -4 & 3 \\ 5 & 0 & -1 \end{pmatrix}, B = \begin{pmatrix} 2 & 2 & 0 \\ 6 & -1 & 4 \end{pmatrix}$ のとき，$2X + B = 3(2A + B)$ を

満たす行列 X を求めよ．

[解] $X = \dfrac{1}{2}\{3(2A + B) - B\} = 3A + B = 3\begin{pmatrix} 1 & -4 & 3 \\ 5 & 0 & -1 \end{pmatrix} + \begin{pmatrix} 2 & 2 & 0 \\ 6 & -1 & 4 \end{pmatrix}$

$\qquad = \begin{pmatrix} 3 & -12 & 9 \\ 15 & 0 & -3 \end{pmatrix} + \begin{pmatrix} 2 & 2 & 0 \\ 6 & -1 & 4 \end{pmatrix} = \begin{pmatrix} 5 & -10 & 9 \\ 21 & -1 & 1 \end{pmatrix}$ □

問 6.18　$A = \begin{pmatrix} 2 & 6 \\ 3 & -2 \\ 2 & 1 \end{pmatrix}, B = \begin{pmatrix} -1 & 4 \\ 5 & 1 \\ -3 & 0 \end{pmatrix}$ のとき，次の行列を求めよ．

(1) $A - 3B$　　　　　　　　　　　　(2) $A + 5B - 3A + 2B$

6.3.3　行列の積

2 次正方行列 $A = \begin{pmatrix} a_{11} & a_{12} \\ a_{21} & a_{22} \end{pmatrix}$ と $B = \begin{pmatrix} b_{11} & b_{12} \\ b_{21} & b_{22} \end{pmatrix}$ の積 AB は

$$AB = \begin{pmatrix} a_{11}b_{11} + a_{12}b_{21} & a_{11}b_{12} + a_{12}b_{22} \\ a_{21}b_{11} + a_{22}b_{21} & a_{21}b_{12} + a_{22}b_{22} \end{pmatrix}$$

と定められる．すなわち，積 AB の (i, j) 成分は，A の第 i 行 $(a_{i1}\ a_{i2})$ と B の第 j 列 $\begin{pmatrix} b_{1j} \\ b_{2j} \end{pmatrix}$ の第 1 成分 a_{i1}, b_{1j} の積と第 2 成分 a_{i2}, b_{2j} の積をとり，それらを合計することで求められる．

例 6.11　$A = \begin{pmatrix} 2 & 1 \\ -1 & 5 \end{pmatrix}, B = \begin{pmatrix} 7 & 3 \\ 4 & -2 \end{pmatrix}$ のとき

$$AB = \begin{pmatrix} 2 & 1 \\ -1 & 5 \end{pmatrix}\begin{pmatrix} 7 & 3 \\ 4 & -2 \end{pmatrix} = \begin{pmatrix} 14 + 4 & 6 - 2 \\ -7 + 20 & -3 - 10 \end{pmatrix} = \begin{pmatrix} 18 & 4 \\ 13 & -13 \end{pmatrix}$$

$$BA = \begin{pmatrix} 7 & 3 \\ 4 & -2 \end{pmatrix}\begin{pmatrix} 2 & 1 \\ -1 & 5 \end{pmatrix} = \begin{pmatrix} 14 - 3 & 7 + 15 \\ 8 + 2 & 4 - 10 \end{pmatrix} = \begin{pmatrix} 11 & 22 \\ 10 & -6 \end{pmatrix}$$

注　行列の積は交換法則を満たさない．すなわち，一般には $AB \neq BA$ である．

問 6.19　次の行列の積を計算せよ．

(1) $\begin{pmatrix} 0 & 1 \\ 1 & 0 \end{pmatrix}\begin{pmatrix} 3 & -2 \\ 5 & 1 \end{pmatrix}$　　　　　　　　(2) $\begin{pmatrix} 4 & 7 \\ -2 & 1 \end{pmatrix}\begin{pmatrix} 5 & 3 \\ 1 & 6 \end{pmatrix}$

一般的な行列の積も，2 次正方行列の場合と同様に定められる．行列 A, B はそれぞれ $m \times l$ 型，$l \times n$ 型とする．

$$A = \begin{pmatrix} a_{11} & \cdots & a_{1j} & \cdots & a_{1l} \\ \vdots & \vdots & \vdots & \vdots & \vdots \\ a_{i1} & \cdots & a_{ij} & \cdots & a_{il} \\ \vdots & \vdots & \vdots & \vdots & \vdots \\ a_{m1} & \cdots & a_{mj} & \cdots & a_{ml} \end{pmatrix}, \quad B = \begin{pmatrix} b_{11} & \cdots & b_{1j} & \cdots & b_{1n} \\ \vdots & \vdots & \vdots & \vdots & \vdots \\ b_{i1} & \cdots & b_{ij} & \cdots & b_{in} \\ \vdots & \vdots & \vdots & \vdots & \vdots \\ b_{l1} & \cdots & b_{lj} & \cdots & b_{ln} \end{pmatrix}$$

このとき, A と B との**積** AB の (i, j) 成分 c_{ij} は

$$A \text{ の第 } i \text{ 行 } (a_{i1} \ a_{i2} \ \cdots \ a_{il}) \quad \text{と} \quad B \text{ の第 } j \text{ 列} \begin{pmatrix} b_{1j} \\ b_{2j} \\ \vdots \\ b_{lj} \end{pmatrix}$$

の対応する成分どうしの積をとり, それらを合計したものと定める.

$$c_{ij} = a_{i1}b_{1j} + a_{i2}b_{2j} + \cdots + a_{il}b_{lj} = \sum_{k=1}^{l} a_{ik}b_{kj} \quad (1 \leqq i \leqq m, \ 1 \leqq j \leqq n)$$

A が $m \times k$ 型, B が $l \times n$ 型とするとき, $k = l$ の場合に積 AB は定義され, AB は $m \times n$ 行列となる. 一方, $k \neq l$ の場合, 積 AB は定義されない.

例 6.12 $\begin{pmatrix} 1 & 2 & 3 \\ 4 & 5 & 6 \end{pmatrix} \begin{pmatrix} 5 & 2 \\ 4 & 1 \\ 3 & 0 \end{pmatrix} = \begin{pmatrix} 5+8+9 & 2+2+0 \\ 20+20+18 & 8+5+0 \end{pmatrix} = \begin{pmatrix} 22 & 4 \\ 58 & 13 \end{pmatrix}$

問 6.20 次の行列の積を計算せよ.

(1) $\begin{pmatrix} 1 & 2 \\ -4 & 5 \end{pmatrix} \begin{pmatrix} 4 \\ -3 \end{pmatrix}$ 　　　　　　(2) $\begin{pmatrix} 4 & 1 & 1 \\ 2 & -5 & 3 \end{pmatrix} \begin{pmatrix} 2 & -1 & 1 \\ 3 & 4 & -2 \\ 1 & 3 & 4 \end{pmatrix}$

連立 1 次方程式 $\begin{cases} ax + by = p \\ cx + dy = q \end{cases}$ は $\begin{pmatrix} a & b \\ c & d \end{pmatrix} \begin{pmatrix} x \\ y \end{pmatrix} = \begin{pmatrix} p \\ q \end{pmatrix}$ と表される.

問 6.21 次の連立 1 次方程式を行列を用いて表せ.

(1) $\begin{cases} 5x - 6y = -1 \\ 4x - 7y = 2 \end{cases}$ 　　　　(2) $\begin{cases} x + 2y - z = 1 \\ 3x + 4y - 2z = 0 \\ 4x + y + 5z = -3 \end{cases}$

A, B, C を行列とするとき, 次の結合法則が成り立つことが示される. ただし, 行列の積は定義されているものとする.

公式 6.10 ―――――――――――――――――――――――――――――

$$(AB)C = A(BC)$$

―――――――――――――――――――――――――――――――――――

結合法則により，行列の積は計算する順序に関係なく定まるから，$(AB)C$ や $A(BC)$ を単に ABC と表すことができる．特に，正方行列 A に対して A の累乗を次式で定義する．

$$A^0 = E, \quad A^1 = A, \quad A^2 = AA, \quad A^3 = A^2 A, \quad \cdots, \quad A^n = A^{n-1} A$$

[例題 6.6]

$A = \begin{pmatrix} 4 & -3 \\ 2 & -1 \end{pmatrix}$ であるとき，A^2 と A^3 を求めよ．

[解] $A^2 = \begin{pmatrix} 4 & -3 \\ 2 & -1 \end{pmatrix} \begin{pmatrix} 4 & -3 \\ 2 & -1 \end{pmatrix} = \begin{pmatrix} 10 & -9 \\ 6 & -5 \end{pmatrix}$

$\qquad A^3 = A^2 A = \begin{pmatrix} 10 & -9 \\ 6 & -5 \end{pmatrix} \begin{pmatrix} 4 & -3 \\ 2 & -1 \end{pmatrix} = \begin{pmatrix} 22 & -21 \\ 14 & -13 \end{pmatrix}$ □

問 6.22 次の行列を A とするとき，A^2, A^3, A^4 を求めよ．

(1) $\begin{pmatrix} 1 & 3 \\ -2 & -1 \end{pmatrix}$
(2) $\begin{pmatrix} 0 & 1 \\ -1 & 0 \end{pmatrix}$

6.3.4 逆 行 列

A を n 次正方行列とする．A に対し，n 次正方行列 X が

$$AX = E, \quad XA = E \qquad (E \text{ は } n \text{ 次単位行列})$$

を同時に満たすとき，X を A の**逆行列**といい A^{-1} で表す．X が 2 つの条件のうちの一方を満たすならば，他方も満たすことが示される．また，A^{-1} が存在するならば，A^{-1} はただ 1 つに定まることが示される．A^{-1} が存在するとき，A は**正則**であるという．

2 次正方行列の逆行列は次の公式で与えられる．

公式 6.11 ━━━━━━━━━━━━━━━━━━━━━━━━━━━━━━━

2 次正方行列 $A = \begin{pmatrix} a & b \\ c & d \end{pmatrix}$ において　A が正則 $\Longleftrightarrow ad - bc \neq 0$

A が正則であるとき，A の逆行列は

$$A^{-1} = \frac{1}{ad - bc} \begin{pmatrix} d & -b \\ -c & a \end{pmatrix}$$

━━━━━━━━━━━━━━━━━━━━━━━━━━━━━━━━━━━━━━━

[証明] 行列 $X = \begin{pmatrix} x & y \\ z & w \end{pmatrix}$ が $AX = E$ を満たすとする．このとき

$$AX = \begin{pmatrix} ax + bz & ay + bw \\ cx + dz & cy + dw \end{pmatrix} = \begin{pmatrix} 1 & 0 \\ 0 & 1 \end{pmatrix} \tag{6.8}$$

(6.8) より，次の連立方程式を得る．

$$\begin{cases} ax + bz = 1 & ① \\ cx + dz = 0 & ② \end{cases} \qquad \begin{cases} ay + bw = 0 & ③ \\ cy + dw = 1 & ④ \end{cases}$$

①×d－②×b と ①×c－②×a および ③×d－④×b と ③×c－④×a より

$$\begin{cases} (ad - bc)\,x = d \\ (ad - bc)\,z = -c \end{cases} \qquad \begin{cases} (ad - bc)\,y = -b \\ (ad - bc)\,w = a \end{cases} \tag{6.9}$$

(1) $ad - bc \neq 0$ のとき，(6.9) より

$$x = \frac{d}{ad - bc}\ ,\quad y = \frac{-b}{ad - bc}\ ,\quad z = \frac{-c}{ad - bc}\ ,\quad w = \frac{a}{ad - bc}$$

$$よって \quad X = \frac{1}{ad - bc} \begin{pmatrix} d & -b \\ -c & a \end{pmatrix} \tag{6.10}$$

このとき，X が $AX = XA = E$ を満たすことは容易に確かめられる．

(2) $ad - bc = 0$ のとき，(6.9) から $a = b = c = d = 0$ となるが，(6.8) は成り立たず，A の逆行列は存在しない．

(1), (2) より

$$A は正則 \iff ad - bc \neq 0$$

さらに，A が正則ならば，逆行列は (6.10) で与えられる． □

例 6.13 $A = \begin{pmatrix} 6 & 4 \\ 5 & 3 \end{pmatrix}$ のとき，$6{\cdot}3 - 4{\cdot}5 = -2 \neq 0$ だから，A は正則で

$$A^{-1} = -\frac{1}{2} \begin{pmatrix} 3 & -4 \\ -5 & 6 \end{pmatrix}$$

問 6.23 次の行列は正則かどうか調べよ．正則の場合は逆行列を求めよ．

(1) $\begin{pmatrix} 1 & 2 \\ 3 & 4 \end{pmatrix}$ 　　　　　(2) $\begin{pmatrix} 3 & -6 \\ 2 & -4 \end{pmatrix}$ 　　　　　(3) $\begin{pmatrix} 1 & 0 \\ 0 & 1 \end{pmatrix}$

6.4　連立 1 次方程式と行列

6.4.1　消去法と拡大係数行列

　行列を用いた連立 1 次方程式の解法を考える．そのために，まず連立方程式 (A) の解法を調べよう．

$$\begin{cases} 3x + 2y + z = 3 & ① \\ 2x + 3y - z = 7 & ② \\ x + y - 3z = -1 & ③ \end{cases} \text{(A)}$$

　(A) の①, ③を交換する．

$$\begin{cases} x + y - 3z = -1 & ④ \\ 2x + 3y - z = 7 & ⑤ \\ 3x + 2y + z = 3 & ⑥ \end{cases} \text{(B)}$$

　(B) で，⑤＋④×(−2), ⑥＋④×(−3) により　⑤, ⑥から x を消去する．

$$\begin{cases} x + y - 3z = -1 & ⑦ \\ y + 5z = 9 & ⑧ \\ -y + 10z = 6 & ⑨ \end{cases} \text{(C)}$$

(C) で，⑨+⑧ により　⑨から y を
消去する．

$$\begin{cases} x + y - 3z = -1 & ⑩ \\ y + 5z = 9 & ⑪ \\ 15z = 15 & ⑫ \end{cases} \quad (D)$$

(D) で，⑫×$\dfrac{1}{15}$ により (E) が得ら
れる．

$$\begin{cases} x + y - 3z = -1 & ⑬ \\ y + 5z = 9 & ⑭ \\ z = 1 & ⑮ \end{cases} \quad (E)$$

(E) から，$x = -2$, $y = 4$, $z = 1$ が得られる．そして，この解は，連立方程式
(A) から (E) すべての解であることが容易に確かめられる．(A) から (E) への
変形で行った操作は次の 3 つである．

（ⅰ）ある方程式に 0 でない数を掛ける．

（ⅱ）ある方程式を何倍かしたものを他の方程式に加える．

（ⅲ）2 つの方程式を交換する．

このような解法を**ガウスの消去法**，または単に**消去法**という．

　消去法を，行列を用いて実行する方法を説明しよう．(A) の左辺の係数を並
べた行列を A とし，A の右端に右辺の列ベクトルを付加した行列を A' とする．

$$A = \begin{pmatrix} 3 & 2 & 1 \\ 2 & 3 & -1 \\ 1 & 1 & -3 \end{pmatrix}, \qquad A' = \left(\begin{array}{ccc|c} 3 & 2 & 1 & 3 \\ 2 & 3 & -1 & 7 \\ 1 & 1 & -3 & -1 \end{array} \right)$$

A を (A) の**係数行列**といい，A' を (A) の**拡大係数行列**という．

　拡大係数行列は，連立 1 次方程式の行列による表現である．そして，消去法
における 3 つの操作は，拡大係数行列において行に次の 3 つの操作 (Ⅰ)，(Ⅱ)，
(Ⅲ) を行うことと同じである．

（Ⅰ）ある行に 0 でない数を掛ける．

（Ⅱ）ある行を何倍かしたものを他の行に加える．

（Ⅲ）2 つの行を交換する．

これらの操作を行列に対する**行基本変形**という．

　右の行列は (E) の拡大係数行列である．この
ように，拡大係数行列に行基本変形を行って，
各行において対角成分より左側の成分がすべて
0 であるような形に変形できれば，解を z, y, x
の順に容易に求めることができる．

$$\begin{pmatrix} 1 & 1 & -3 & -1 \\ 0 & 1 & 5 & 9 \\ 0 & 0 & 1 & 1 \end{pmatrix}$$

［**例題 6.7**］

次の連立 1 次方程式を消去法を用いて解け．

$$\begin{cases} 2x - 3y - z = 1 \\ x - 2y - 3z = -5 \\ 3x + 4y - z = 11 \end{cases}$$

[**解**] 拡大係数行列に行基本変形を行って，次のように変形する.

$$\begin{pmatrix} 2 & -3 & -1 & 1 \\ 1 & -2 & -3 & -5 \\ 3 & 4 & -1 & 11 \end{pmatrix} \xrightarrow{\text{1 行, 2 行を交換}} \begin{pmatrix} 1 & -2 & -3 & -5 \\ 2 & -3 & -1 & 1 \\ 3 & 4 & -1 & 11 \end{pmatrix}$$

$$\xrightarrow[\text{3 行} - \text{1 行} \times 3]{\text{2 行} - \text{1 行} \times 2} \begin{pmatrix} 1 & -2 & -3 & -5 \\ 0 & 1 & 5 & 11 \\ 0 & 10 & 8 & 26 \end{pmatrix}$$

$$\xrightarrow{\text{3 行} - \text{2 行} \times 10} \begin{pmatrix} 1 & -2 & -3 & -5 \\ 0 & 1 & 5 & 11 \\ 0 & 0 & -42 & -84 \end{pmatrix} \xrightarrow{\text{3 行} \times \frac{-1}{42}} \begin{pmatrix} 1 & -2 & -3 & -5 \\ 0 & 1 & 5 & 11 \\ 0 & 0 & 1 & 2 \end{pmatrix}$$

変形後の行列を方程式で表すと

$$\begin{cases} x - 2y - 3z = -5 & ① \\ y + 5z = 11 & ② \\ z = 2 & ③ \end{cases}$$

①, ②, ③より，$x = 3$, $y = 1$, $z = 2$ が得られる.   □

問 6.24　次の連立 1 次方程式を消去法を用いて解け.

(1) $\begin{cases} 2x + 5y = -7 \\ x - 3y = 13 \end{cases}$　　　　　　　(2) $\begin{cases} 3x - 2y - 6z = 5 \\ 4x + 3y + z = 6 \\ -x + 4y + 2z = 5 \end{cases}$

6.4.2　逆行列と連立 1 次方程式

逆行列を用いて連立 1 次方程式を解くことができる. 連立 1 次方程式

$$\begin{cases} a_{11}x + a_{12}y = b_1 \\ a_{21}x + a_{22}y = b_2 \end{cases} \tag{6.11}$$

に対し，$A = \begin{pmatrix} a_{11} & a_{12} \\ a_{21} & a_{22} \end{pmatrix}$, $\boldsymbol{x} = \begin{pmatrix} x \\ y \end{pmatrix}$, $\boldsymbol{b} = \begin{pmatrix} b_1 \\ b_2 \end{pmatrix}$ とすると，(6.11) は $A\boldsymbol{x} = \boldsymbol{b}$ と表すことができる. A が正則であるときは，両辺に左から A^{-1} を掛けると

$$A^{-1}A\boldsymbol{x} = A^{-1}\boldsymbol{b}$$

よって，(6.11) の解 $\boldsymbol{x}$ は

$$\boldsymbol{x} = A^{-1}\boldsymbol{b} \tag{6.12}$$

により求められる.

[**例題 6.8**]

次の連立 1 次方程式を逆行列を用いて解け.

$$\begin{cases} 4x + y = 4 \\ 6x + 2y = 3 \end{cases}$$

[解] 行列で表すと，$\begin{pmatrix} 4 & 1 \\ 6 & 2 \end{pmatrix}\begin{pmatrix} x \\ y \end{pmatrix} = \begin{pmatrix} 4 \\ 3 \end{pmatrix}$ である．公式 6.11 より

$$\begin{pmatrix} 4 & 1 \\ 6 & 2 \end{pmatrix}^{-1} = \frac{1}{2}\begin{pmatrix} 2 & -1 \\ -6 & 4 \end{pmatrix}$$

したがって，(6.12) を用いて

$$\begin{pmatrix} x \\ y \end{pmatrix} = \frac{1}{2}\begin{pmatrix} 2 & -1 \\ -6 & 4 \end{pmatrix}\begin{pmatrix} 4 \\ 3 \end{pmatrix} = \frac{1}{2}\begin{pmatrix} 5 \\ -12 \end{pmatrix}$$

以上より　$x = \dfrac{5}{2},\ y = -6$ □

問 6.25　次の連立 1 次方程式を逆行列を用いて解け．

(1) $\begin{cases} 2x + y = 1 \\ 5x + 3y = -2 \end{cases}$　　　　　　(2) $\begin{cases} 2x + 5y = -7 \\ x - 3y = 13 \end{cases}$

6.5　行　列　式

2 次正方行列 $A = \begin{pmatrix} a_{11} & a_{12} \\ a_{21} & a_{22} \end{pmatrix}$ が正則である，すなわち逆行列 A^{-1} をもつための必要十分条件は，公式 6.11 より，$a_{11}a_{22} - a_{12}a_{21} \neq 0$ を満たすことである．この式の左辺を A の**行列式**といい，$|A|$ または $\det A$ で表す．

$$|A| = \det A = \begin{vmatrix} a_{11} & a_{12} \\ a_{21} & a_{22} \end{vmatrix} = a_{11}a_{22} - a_{12}a_{21}$$

3 次正方行列 $A = \begin{pmatrix} a_{11} & a_{12} & a_{13} \\ a_{21} & a_{22} & a_{23} \\ a_{31} & a_{32} & a_{33} \end{pmatrix}$ の行列式も，2 次の場合と同様に次のように定める．

$$\begin{aligned}
|A| = {} & a_{11}a_{22}a_{33} + a_{12}a_{23}a_{31} + a_{13}a_{21}a_{32} \\
& - a_{11}a_{23}a_{32} - a_{12}a_{21}a_{33} - a_{13}a_{22}a_{31} \quad (6.13)
\end{aligned}$$

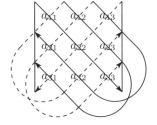

(6.13) は，上の図式のように，斜めの成分の積をとり，右下がりの場合は $+$，左下がりの場合は $-$ の符号をつけて加えることにより求められる．このような計算法を**サラスの方法**という．

3 次正方行列の場合も，正則であるための必要十分条件は行列式が 0 でないことである．

例 6.14 $\begin{vmatrix} 1 & -2 \\ 3 & 5 \end{vmatrix} = 1 \times 5 - (-2) \times 3 = 11$

$$\begin{vmatrix} 3 & 2 & -1 \\ 4 & 1 & 6 \\ -3 & -1 & 2 \end{vmatrix} = 3 \times 1 \times 2 + 2 \times 6 \times (-3)$$
$$+ (-1) \times 4 \times (-1) - 3 \times 6 \times (-1)$$
$$- 2 \times 4 \times 2 - (-1) \times 1 \times (-3) = -27$$

問 6.26 次の行列式を計算せよ.

(1) $\begin{vmatrix} 2 & -1 \\ 1 & -5 \end{vmatrix}$ (2) $\begin{vmatrix} -1 & 0 & 1 \\ 0 & 1 & 2 \\ 1 & 1 & 1 \end{vmatrix}$ (3) $\begin{vmatrix} 2 & 1 & -2 \\ -1 & 5 & 0 \\ 3 & 7 & 1 \end{vmatrix}$

4 次以上の行列式も定義されるが,定義する方法がサラスの方法よりもはるかに複雑であるため,本書ではふれないことにする.

6.6 余因子行列と逆行列

$|A| = |a_{ij}|$ の第 i 行と第 j 列を取り除いてできる $(n-1)$ 次正方行列の行列式を $|A|$ の (i, j) **小行列式**といい,D_{ij} で表す.

$$D_{ij} = \begin{vmatrix} a_{11} & \cdots & a_{1j} & \cdots & a_{1m} \\ \vdots & & \vdots & & \vdots \\ a_{i1} & \cdots & a_{ij} & \cdots & a_{in} \\ \vdots & & \vdots & & \vdots \\ a_{n1} & \cdots & a_{nj} & \cdots & a_{nn} \end{vmatrix}$$

例 6.15 3 次の行列式 $|A| = |a_{ij}|$ について

$$D_{11} = \begin{vmatrix} a_{22} & a_{23} \\ a_{32} & a_{33} \end{vmatrix}, \quad D_{12} = \begin{vmatrix} a_{21} & a_{23} \\ a_{31} & a_{33} \end{vmatrix}, \quad D_{13} = \begin{vmatrix} a_{21} & a_{22} \\ a_{31} & a_{32} \end{vmatrix}$$

問 6.27 3 次の行列式 $|A| = |a_{ij}|$ について,D_{21}, D_{22}, D_{23}, D_{31}, D_{32}, D_{33} を求めよ.

以後,3 次の行列式 $|A| = \begin{vmatrix} a_{11} & a_{12} & a_{13} \\ a_{21} & a_{22} & a_{23} \\ a_{31} & a_{32} & a_{33} \end{vmatrix}$ を扱うことにする.例 6.15 より

$$a_{11}D_{11} - a_{12}D_{12} + a_{13}D_{13}$$
$$= a_{11}\begin{vmatrix} a_{22} & a_{23} \\ a_{32} & a_{33} \end{vmatrix} - a_{12}\begin{vmatrix} a_{21} & a_{23} \\ a_{31} & a_{33} \end{vmatrix} + a_{13}\begin{vmatrix} a_{21} & a_{22} \\ a_{31} & a_{32} \end{vmatrix}$$
$$= a_{11}(a_{22}a_{33} - a_{23}a_{32}) - a_{12}(a_{21}a_{33} - a_{23}a_{31})$$
$$+ a_{13}(a_{21}a_{32} - a_{22}a_{31})$$

最後の式を展開すると (6.13) と一致するから

$$|A| = a_{11}D_{11} - a_{12}D_{12} + a_{13}D_{13}$$

これを第1行に関する**展開公式**という．同様にして，第2行，第3行に関する展開公式が得られる．

$$|A| = -a_{21}D_{21} + a_{22}D_{22} - a_{23}D_{23}$$
$$|A| = \quad a_{31}D_{31} - a_{32}D_{32} + a_{33}D_{33}$$

$|A|$ の小行列式を次のように並べてできる行列を，A の**余因子行列**といい，$\widetilde{A}$ で表す．

$$\widetilde{A} = \begin{pmatrix} D_{11} & -D_{21} & D_{31} \\ -D_{12} & D_{22} & -D_{32} \\ D_{13} & -D_{23} & D_{33} \end{pmatrix}$$

すなわち，余因子行列 $\widetilde{A}$ の (i, j) 成分は，小行列式 D_{ji} に交互に変わる符号をつけることで得られる．

積 $A\widetilde{A}$ を計算しよう．

$$\begin{pmatrix} a_{11} & a_{12} & a_{13} \\ a_{21} & a_{22} & a_{23} \\ a_{31} & a_{32} & a_{33} \end{pmatrix} \begin{pmatrix} D_{11} & -D_{21} & D_{31} \\ -D_{12} & D_{22} & -D_{32} \\ D_{13} & -D_{23} & D_{33} \end{pmatrix}$$

まず，$(1, 1)$ 成分は

$$a_{11}D_{11} - a_{12}D_{12} + a_{13}D_{13}$$

であり，第1行に関する展開公式により $|A|$ となる．また，$(2, 2)$ 成分，$(3, 3)$ 成分も，$|A|$ であることがわかる．

また，$(2, 1)$ 成分は

$$a_{21}D_{11} - a_{22}D_{12} + a_{23}D_{13}$$
$$= a_{21}(a_{22}a_{33} - a_{23}a_{32}) - a_{22}(a_{21}a_{33} - a_{23}a_{31}) + a_{23}(a_{21}a_{32} - a_{22}a_{31})$$
$$= a_{21}a_{22}a_{33} - a_{21}a_{32}a_{23} - a_{21}a_{22}a_{33} + a_{31}a_{22}a_{23} + a_{21}a_{32}a_{23} - a_{31}a_{22}a_{23}$$
$$= 0$$

であり，他の成分も同様にして 0 となることがわかる．したがって

$$A\widetilde{A} = \begin{pmatrix} |A| & 0 & 0 \\ 0 & |A| & 0 \\ 0 & 0 & |A| \end{pmatrix} = |A| \begin{pmatrix} 1 & 0 & 0 \\ 0 & 1 & 0 \\ 0 & 0 & 1 \end{pmatrix} = |A|E$$

同様な計算により，$\widetilde{A}A = |A|E$ となることがわかる．

以上より，次の公式が得られる．

公式 6.12 ―――――――――――――――――――――――――

$$A\widetilde{A} = \widetilde{A}A = |A|E$$

正方行列 A の行列式は 0 でないとする．このとき，公式 6.12 より

$$A\left(\frac{1}{|A|}\widetilde{A}\right) = \left(\frac{1}{|A|}\widetilde{A}\right)A = E$$

となるから，A は正則で，$A^{-1} = \dfrac{1}{|A|}\widetilde{A}$ である．

[例題 6.9]

$A = \begin{pmatrix} 2 & -1 & 0 \\ 2 & 0 & -1 \\ 0 & 1 & 2 \end{pmatrix}$ は正則であるかを調べ，正則であれば逆行列を求めよ．

[解] $|A| = 6 \neq 0$ より A は正則である．

$$D_{11} = \begin{vmatrix} 0 & -1 \\ 1 & 2 \end{vmatrix} = 1, \qquad D_{12} = \begin{vmatrix} 2 & -1 \\ 0 & 2 \end{vmatrix} = 4, \qquad D_{13} = \begin{vmatrix} 2 & 0 \\ 0 & 1 \end{vmatrix} = 2,$$

$$D_{21} = \begin{vmatrix} -1 & 0 \\ 1 & 2 \end{vmatrix} = -2, \quad D_{22} = \begin{vmatrix} 2 & 0 \\ 0 & 2 \end{vmatrix} = 4, \qquad D_{23} = \begin{vmatrix} 2 & -1 \\ 0 & 1 \end{vmatrix} = 2,$$

$$D_{31} = \begin{vmatrix} -1 & 0 \\ 0 & -1 \end{vmatrix} = 1, \quad D_{32} = \begin{vmatrix} 2 & 0 \\ 2 & -1 \end{vmatrix} = -2, \quad D_{33} = \begin{vmatrix} 2 & -1 \\ 2 & 0 \end{vmatrix} = 2$$

よって $\quad A^{-1} = \dfrac{1}{|A|}\begin{pmatrix} D_{11} & -D_{21} & D_{31} \\ -D_{12} & D_{22} & -D_{32} \\ D_{13} & -D_{23} & D_{33} \end{pmatrix} = \dfrac{1}{6}\begin{pmatrix} 1 & 2 & 1 \\ -4 & 4 & 2 \\ 2 & -2 & 2 \end{pmatrix}$ □

問 6.28 次の行列が正則であるかを調べ，正則であれば逆行列を求めよ．

(1) $\begin{pmatrix} 1 & -2 & 0 \\ 1 & -1 & 2 \\ -2 & 3 & -2 \end{pmatrix}$ \qquad\qquad (2) $\begin{pmatrix} 3 & -1 & 4 \\ -1 & 1 & 0 \\ 0 & 2 & 2 \end{pmatrix}$

章末問題 6

— A —

6.1 $a = (1,\ -1,\ 2),\ b = (0,\ 1,\ -2),\ c = (2,\ -1,\ 1)$ のとき，次のベクトルの成分表示を求めよ．また，大きさを求めよ．

(1) $a - b + c$ (2) $2a + b - c$

6.2 次の各組のベクトルの内積を求めよ．また，それらのなす角 θ について，$\cos\theta$ を求めよ．

(1) $(1,\ 2,\ 1),\ (2,\ 1,\ -1)$ (2) $(-1,\ 1,\ 1),\ (3,\ 2,\ 1)$

6.3 2 つの平面ベクトル $(k+2,\ 1-k),\ (2,\ -1)$ について，次の問いに答えよ．

(1) これらが直交するような k の値を求めよ．
(2) これらが平行となるような k の値を求めよ．

6.4 次の直線について，媒介変数による方程式を求めよ．

(1) 点 $(2,\ 1,\ -3)$ を通り，方向ベクトルが $(1,\ -1,\ 2)$ である直線
(2) 2 点 $(0,\ 5,\ -3),\ (2,\ 4,\ 0)$ を通る直線

6.5 次の平面の方程式を求めよ．

(1) 点 $(2,\ -1,\ 1)$ を通り，$(3,\ -2,\ 1)$ を法線ベクトルとする平面
(2) 点 $(1,\ 0,\ -2)$ を通り，平面 $-2x + 3y - 4z = 2$ に平行な平面

6.6 $A = \begin{pmatrix} 1 & 2 & -1 \\ -1 & -3 & 1 \\ 0 & 3 & -2 \end{pmatrix},\ B = \begin{pmatrix} -2 & 3 & 1 \\ 1 & 2 & -1 \\ -1 & 4 & 0 \end{pmatrix}$ のとき，次の行列を求めよ．

(1) $-A + B$ (2) $3A - 2B - (A + B)$

6.7 次の行列の積を計算せよ．

(1) $\begin{pmatrix} 1 & -2 \end{pmatrix} \begin{pmatrix} 3 & -1 \\ -4 & 2 \end{pmatrix}$ (2) $\begin{pmatrix} 4 & 1 & 1 \\ 2 & -5 & 3 \\ 1 & -2 & 4 \end{pmatrix} \begin{pmatrix} 2 & -1 \\ 3 & 4 \\ 1 & -2 \end{pmatrix}$

6.8 次の行列は正則かどうか調べよ．また，正則の場合は逆行列を求めよ．

(1) $\begin{pmatrix} -2 & 1 \\ 4 & -2 \end{pmatrix}$ (2) $\begin{pmatrix} 4 & 5 \\ -5 & -6 \end{pmatrix}$ (3) $\begin{pmatrix} 2 & 1 \\ 0 & 1 \end{pmatrix}$

6.9 次の連立 1 次方程式を消去法を用いて解け．

(1) $\begin{cases} 3x - 5y = 2 \\ x - 2y = -1 \end{cases}$ (2) $\begin{cases} 2x - y + 3z = -9 \\ x + 2y - z = -2 \\ -x + 3y - 2z = 1 \end{cases}$

6.10 次の連立 1 次方程式を逆行列を用いて解け．

(1) $\begin{cases} -2x + 3y = 4 \\ -3x + 5y = -3 \end{cases}$ (2) $\begin{cases} 4x + 6y = 1 \\ 3x + 5y = -2 \end{cases}$

6.11 次の行列式を計算せよ．

(1) $\begin{vmatrix} 3 & 4 \\ -2 & -3 \end{vmatrix}$ (2) $\begin{vmatrix} 1 & 2 & 3 \\ 3 & 2 & 2 \\ 0 & 9 & 8 \end{vmatrix}$ (3) $\begin{vmatrix} 3 & 2 & 3 \\ 8 & 6 & 9 \\ 5 & 4 & 7 \end{vmatrix}$

— **B** —

6.12 一般に，$|AB| = |A||B|$ が成り立つ．これを，$A = \begin{pmatrix} a & b \\ c & d \end{pmatrix}$, $B = \begin{pmatrix} x & y \\ z & w \end{pmatrix}$ の場合に確かめよ．

6.13 (1) 行列 $\begin{pmatrix} 2 & 6 & 9 \\ 1 & 4 & 6 \\ 0 & 1 & 2 \end{pmatrix}$ の逆行列を求めよ．

(2) (1) で求めた逆行列を用いて，連立 1 次方程式

$$\begin{cases} 2x + 6y + 9z = 3 \\ x + 4y + 6z = 1 \\ y + 2z = -2 \end{cases}$$

6.14 次の連立 1 次方程式を考える．

$$\begin{cases} a_{11}x + a_{12}y + a_{13}z = b_1 \\ a_{21}x + a_{22}y + a_{23}z = b_2 \\ a_{31}x + a_{32}y + a_{33}z = b_3 \end{cases}$$

ただし，$A = \begin{pmatrix} a_{11} & a_{12} & a_{13} \\ a_{21} & a_{22} & a_{23} \\ a_{31} & a_{32} & a_{33} \end{pmatrix}$, $\boldsymbol{b} = \begin{pmatrix} b_1 \\ b_2 \\ b_3 \end{pmatrix}$ とし，A の行列式は 0 でないとする．

A の第 1 列を $\boldsymbol{b}$ で置き換えた行列の行列式は，サラスの方法より

$$\begin{vmatrix} b_1 & a_{12} & a_{13} \\ b_2 & a_{22} & a_{23} \\ b_3 & a_{32} & a_{33} \end{vmatrix} = \begin{vmatrix} a_{11}x + a_{12}y + a_{13}z & a_{12} & a_{13} \\ a_{21}x + a_{22}y + a_{23}z & a_{22} & a_{23} \\ a_{31}x + a_{32}y + a_{33}z & a_{32} & a_{33} \end{vmatrix}$$

$$= (a_{11}a_{22}a_{33} + a_{12}a_{23}a_{31} + a_{13}a_{21}a_{32} - a_{13}a_{22}a_{31} - a_{12}a_{21}a_{33} - a_{11}a_{23}a_{32})x$$

$$= x\begin{vmatrix} a_{11} & a_{12} & a_{13} \\ a_{21} & a_{22} & a_{23} \\ a_{31} & a_{32} & a_{33} \end{vmatrix}$$

$$= x|A|$$

第 2 列，第 3 列を $\boldsymbol{b}$ で置き換えても，同様な等式が得られる．これより，x, y, z は次のように表される．

$$x = \frac{1}{|A|}\begin{vmatrix} b_1 & a_{12} & a_{13} \\ b_2 & a_{22} & a_{23} \\ b_3 & a_{32} & a_{33} \end{vmatrix}, \quad y = \frac{1}{|A|}\begin{vmatrix} a_{11} & b_1 & a_{13} \\ a_{21} & b_2 & a_{23} \\ a_{31} & b_3 & a_{33} \end{vmatrix}, \quad z = \frac{1}{|A|}\begin{vmatrix} a_{11} & a_{12} & b_1 \\ a_{21} & a_{22} & b_2 \\ a_{31} & a_{32} & b_3 \end{vmatrix}$$

これを**クラメルの公式**という．

クラメルの公式を用いて次の連立 1 次方程式を解け．

(1) $\begin{cases} x + 3y + 2z = 1 \\ 2x + 7y + 6z = 3 \\ 3x + 6y + 2z = 4 \end{cases}$
(2) $\begin{cases} 2x + y + z = 1 \\ x + 2y + 2z = 0 \\ 3x + 3y + 4z = 2 \end{cases}$

7

偏微分

7.1 2変数関数と偏導関数

7.1.1 2変数関数

3つの変数 x, y, z があって，2つの変数 x, y の値を決めると，それに対応して z の値が1つ決まるとき，z は x, y の**2変数関数**または単に**関数**であるといい，$z = f(x, y)$ のように表す．このとき，x, y を**独立変数**，z を**従属変数**という．一般に，独立変数が2個以上の関数を**多変数関数**という．

関数 $z = f(x, y)$ において，独立変数 (x, y) のとり得る範囲を**定義域**，z の変域を**値域**という．定義域は一般に xy 平面上の領域であり，特に断らない限り，$f(x, y)$ が意味をもつできるだけ広い範囲にとることにする．また，定義域内の点 (a, b) において，$z = f(x, y)$ がとる値を $f(a, b)$ と書く．

例 7.1 2変数関数 $z = f(x, y)$ について，

(1) $f(x, y) = 2x + y$ のとき，定義域は xy 平面全体，値域は全実数である．
また $f(2, 1) = 5$, $f(-3, 2) = -4$, $f(0, 0) = 0$

(2) $f(x, y) = x^2 + y^2$ のとき，定義域は xy 平面全体，値域は $z \geqq 0$ である．
また $f(x, 1) = x^2 + 1$, $f(2, y) = 4 + y^2$, $f(1 + h, 2) = h^2 + 2h + 5$

(3) $f(x, y) = \sqrt{1 - x^2 - y^2}$ のとき，定義域は $x^2 + y^2 \leqq 1$ を満たす (x, y) 全体，値域は $0 \leqq z \leqq 1$ である．

$z = f(x, y)$ の定義域内で (x, y) が動くとき，点 $(x, y, f(x, y))$ は，空間内の1つの図形をかく．この図形を関数 $z = f(x, y)$ の**グラフ**という．特にグラフが曲面のとき，**曲面 $z = f(x, y)$** ともいう．

2変数関数のグラフは空間内の図形のため，簡単な場合を除いて，グラフの描画は複雑である

例 7.2 $z = -\dfrac{1}{2}x + y + 2$

任意の x, y について z の値が定まるから，定義域は xy 平面全体，また値域は全実数である．

方程式を書き直すと

$$\frac{1}{2}x - y + (z - 2) = 0$$

となるから，103 ページの平面の方程
式 (6.7) より，この関数のグラフは，
ベクトル $\boldsymbol{n} = \left(\frac{1}{2},\ -1,\ 1\right)$ に垂直で，
点 A(0, 0, 2) を通る平面である．

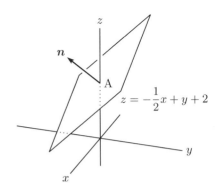

例 7.3　$z = 4 - x^2 - y^2$　$(z \geqq 0)$

　$4 - x^2 - y^2 \geqq 0$ より，定義域は $x^2 + y^2 \leqq 4$，すなわち，原点を中心とす
る半径 2 の円の周および内部である．次に，定義域内の点を P とおき，原
点と点 P$(x,\ y)$ との距離を r と
おくと，$\sqrt{x^2 + y^2} = r$ すなわち
$x^2 + y^2 = r^2$ となるから

$$\begin{aligned} z &= 4 - x^2 - y^2 \\ &= 4 - r^2 \end{aligned} \qquad (7.1)$$

したがって，r が等しい点におけ
る z の値は等しい．また，(7.1) よ
り，グラフを線分 OP と z 軸を含
む平面で切ってできる曲線は，放
物線である．特に，zx 平面の場合
は，放物線 $z = 4 - x^2$ になる．
以上より，グラフは zx 平面上の

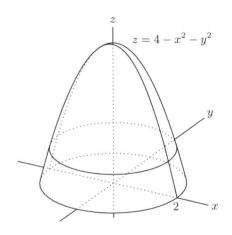

放物線 $z = 4 - x^2$ を z 軸のまわりに回転してできる曲面 (**回転放物面**) のうち，
$z \geqq 0$ の部分である．

　注　$f(x,\ y)$ が $r = \sqrt{x^2 + y^2}$ だけの式で表されるとき，関数 $z = f(x,\ y)$ のグラ
　　　フは，ある曲線を z 軸のまわりに回転してできる曲面になる．

例 7.4　(1) から (6) の関数のグラフは，図 1 から図 6 のようになる．

(1) $z = 2\sqrt{x^2 + y^2}$　　　　(2) $z = \sqrt{1 - x^2 - y^2}$　　(3) $z = x^2$

(4) $z = \frac{1}{2}x + \frac{1}{3}y + 1$　　　(5) $z = x^2 - y^2$　　　　(6) $z = \sin xy$

　注　(2) の関数の方程式を書き直すと

$$x^2 + y^2 + z^2 = 1$$

　　　となるが，左辺は原点 O と点 P(x, y, z) の距離を表すから，グラフは O から
　　　の距離が 1 であるような点 P のうち z 座標が 0 以上の点全体となる．これは
　　　O を中心とする半径 1 の球面の上半分に他ならない．

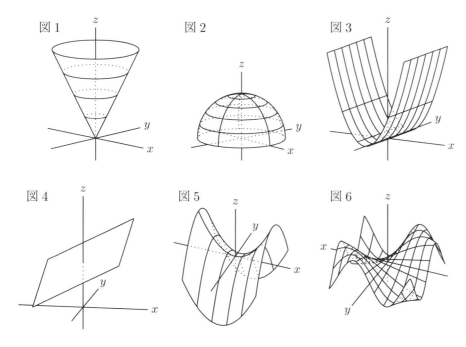

図1 図2 図3

図4 図5 図6

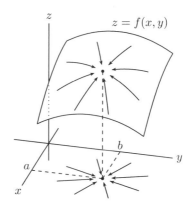

点 $(x,\ y)$ が点 $(a,\ b)$ と異なる点をとりながら点 $(a,\ b)$ に限りなく近づくとする. その近づき方はいろいろあるが, $z = f(x,\ y)$ の値 z が近づき方によらず一定の値 α に近づくならば, α を $(x,\ y)$ が $(a,\ b)$ に近づくときの $f(x,\ y)$ の**極限値**といい

$$\lim_{(x,y)\to(a,b)} f(x,\ y) = \alpha$$

$z = f(x, y)$

などと書く. 点 $(a,\ b)$ および点 $(a,\ b)$ の近くで定義されている関数 $f(x,\ y)$ について

$$\lim_{(x,y)\to(a,b)} f(x,\ y) = f(a,\ b)$$

が成り立つとき, $f(x,\ y)$ は点 $(a,\ b)$ で**連続**であるという. 連続でない点の近くでは, $z = f(x,\ y)$ のグラフは複雑な形状になることが多い. 本書では, 定義域内のすべての点で連続である場合を扱う.

7.1.2 偏 導 関 数

関数 $z = f(x,\ y)$ において, y を定数とみなすと, z は x の関数と考えることができる. この関数を x で微分してできる導関数を $f(x,\ y)$ の x についての**偏導関数**といい, 次のような記号で表す.

$$f_x(x,\ y)\ ,\ f_x\ ,\ z_x\ ,\ \frac{\partial z}{\partial x}\ ,\ \frac{\partial f}{\partial x}\ ,\ \frac{\partial}{\partial x}f(x,\ y)$$

偏導関数 $f_x(x, y)$ の定義式は次のように表される.

$$f_x(x, y) = \lim_{\Delta x \to 0} \frac{f(x + \Delta x, y) - f(x, y)}{\Delta x} \tag{7.2}$$

偏導関数を求めることを**偏微分する**という. 点 (a, b) で偏導関数の値が存在するとき, $f(x, y)$ は点 (a, b) において x について**偏微分可能**であるといい, その値 $f_x(a, b)$ を $f(x, y)$ の点 (a, b) における x についての**偏微分係数**という.

y についての偏導関数および偏微分係数も同様に定義される.

$$f_y(x, y) ,\ f_y ,\ z_y ,\ \frac{\partial z}{\partial y} ,\ \frac{\partial f}{\partial y} ,\ \frac{\partial}{\partial y} f(x, y)$$

また, $f_y(x, y)$ の定義式は次のように表される.

$$f_y(x, y) = \lim_{\Delta y \to 0} \frac{f(x, y + \Delta y) - f(x, y)}{\Delta y} \tag{7.3}$$

$f(x, y)$ が x, y の両方について偏微分可能のとき, 単に偏微分可能という.

[例題 7.1]

次の関数を偏微分せよ. また, $(1, 1)$ における偏微分係数を求めよ.

(1) $z = x^2 + 3xy + 5y^2$ (2) $z = \sqrt{4 - x^2 - 2y^2}$

[解] (1) x について偏微分するとき, 第 2 項, 第 3 項にある y, y^2 は定数とみなすことに注意すると

$$\frac{\partial z}{\partial x} = z_x = (x^2)_x + 3(x)_x\, y + 5(y^2)_x = 2x + 3y$$

同様に

$$\frac{\partial z}{\partial y} = z_y = (x^2)_y + 3x(y)_y + 5(y^2)_y = 3x + 10y$$

また, $(1, 1)$ における偏微分係数は $z_x(1, 1) = 5, z_y(1, 1) = 13$

(2) $4 - x^2 - 2y^2 = u$ とおいて, 31 ページの公式 2.7 を用いると

$$\frac{\partial z}{\partial x} = \frac{dz}{du}\frac{\partial u}{\partial x} = (u^{\frac{1}{2}})'(4 - x^2 - 2y^2)_x = \frac{1}{2}u^{-\frac{1}{2}}(-2x) = -\frac{x}{\sqrt{4 - x^2 - 2y^2}}$$

$$\frac{\partial z}{\partial y} = \frac{dz}{du}\frac{\partial u}{\partial y} = (u^{\frac{1}{2}})'(4 - x^2 - 2y^2)_y = \frac{1}{2}u^{-\frac{1}{2}}(-4y) = -\frac{2y}{\sqrt{4 - x^2 - 2y^2}}$$

また, $(1, 1)$ における偏微分係数は $z_x(1, 1) = -1, z_y(1, 1) = -2$ □

問 7.1 次の関数を偏微分せよ.

(1) $z = x^3 - 5x^2y + 4xy^2 - 3y^3$ (2) $z = e^{3x+2y}$

(3) $z = (x^2 + 2y^2)^5$ (4) $z = y\sin(4x + y)$

問 7.2 次の関数について，点 $(1, 1)$ における偏微分係数を求めよ．

(1) $z = x^3 - 4x^2 y + xy + 3y^2$ (2) $z = \log(x^2 + 2xy + 3y^2)$

　偏微分係数の図形的意味を考えよう．

曲面 $z = f(x, y)$ 上に点 $\mathrm{P}\big(a, b, f(a, b)\big)$ をとり，P を通り zx 平面に平行な平面と，この曲面が交わってできる曲線を C_1 とおく．xy 平面上の点 $(a + \Delta x, b)$ に対応する曲面上の点を Q とおくと，$\Delta x \to 0$ のとき，Q は曲線 C_1 に沿って限りなく P に近づく．したがって，偏導関数の定義式 (7.2) より，$f_x(a, b)$ は曲線 C_1 の点 P における接線の傾きである．また，69 ページの (4.4) より

$$f(a + \Delta x, b) = f(a, b) + f_x(a, b)\, \Delta x + \varepsilon_1 \ , \quad \lim_{\Delta x \to 0} \frac{\varepsilon_1}{\Delta x} = 0 \qquad (7.4)$$

が成り立つ．

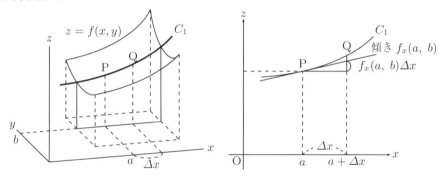

　f_y についても同様であり

$$f(a, b + \Delta y) = f(a, b) + f_y(a, b)\, \Delta y + \varepsilon_2 \ , \quad \lim_{\Delta y \to 0} \frac{\varepsilon_2}{\Delta y} = 0 \qquad (7.5)$$

が成り立つ．

7.2　全微分と合成関数の微分

7.2.1　全 微 分

　関数 $z = f(x, y)$ は点 (a, b) を含む領域で偏微分可能であるとし，Δx, Δy は微小とする．このとき，(7.5) より

$$f(a + \Delta x, b + \Delta y) = f(a + \Delta x, b) + f_y(a + \Delta x, b)\, \Delta y + \varepsilon_2 \qquad (7.6)$$

また，(7.4) より

$$f(a + \Delta x, b) = f(a, b) + f_x(a, b)\, \Delta x + \varepsilon_1$$

さらに

$$f_y(a + \Delta x,\ b) - f_y(a,\ b) = \varepsilon_3$$

とおき，これらを (7.6) に代入すると

$$f(a + \Delta x,\ b + \Delta y) = f(a,\ b) + f_x(a,\ b)\,\Delta x + \varepsilon_1 + \big\{f_y(a,\ b) + \varepsilon_3\big\}\,\Delta y + \varepsilon_2$$
$$= f(a,\ b) + f_x(a,\ b)\,\Delta x + f_y(a,\ b)\Delta y + \varepsilon_1 + \varepsilon_2 + \varepsilon_3\,\Delta y$$

したがって，$\varepsilon_1 + \varepsilon_2 + \varepsilon_3\,\Delta y$ をまとめて ε と書き

$$f(a + \Delta x,\ b + \Delta y) - f(a,\ b) = \Delta z$$

とおくと，次の等式が得られる．

$$\Delta z = f_x(a,\ b)\,\Delta x + f_y(a,\ b)\,\Delta y + \varepsilon \tag{7.7}$$

(7.7) において

$$\lim_{(\Delta x, \Delta y) \to (0,0)} \frac{\varepsilon}{\sqrt{(\Delta x)^2 + (\Delta y)^2}} = 0 \tag{7.8}$$

が成り立つとき，$f(x,\ y)$ は点 $(a,\ b)$ で**全微分可能**であるという．このとき，(7.7) の右辺から ε を除き，$\Delta x,\ \Delta y$ を $dx,\ dy$ に，また，$a,\ b$ を $x,\ y$ に置き換えて得られる式

$$\boldsymbol{dz = f_x(x,\ y)\ dx + f_y(x,\ y)\ dy} \tag{7.9}$$

を $f(x,\ y)$ の**全微分**といい，dz で表す．

例 7.5　$z = x^3 y^2$ の全微分は，$z_x = 3x^2 y^2$，$z_y = 2x^3 y$ より

$$dz = z_x\ dx + z_y\ dy = 3x^2 y^2\ dx + 2x^3 y\ dy$$

問 7.3　次の関数の全微分を求めよ．

(1) $z = x^2 y - x^3 + y^2$　　　　　　　　(2) $z = \sqrt{x + y^2}$　$(x > 0)$

(3) $z = \sin(3x + y)$　　　　　　　　　　(4) $z = \log(x^2 + y^2)$

　$z = f(x,\ y)$ が $(a,\ b)$ で全微分可能であるとき，全微分の図形的意味を考えよう．

　図において，PQ_1 は点 P を通り zx 平面に平行な平面と曲面との交線の点 P における接線，PR_1 は点 P を通り yz 平面に平行な平面と曲面との交線の点 P における接線とするとき，線分 PQ_1，PR_1 を含む平面は

$$z = f_x(a,\ b)(x - a) + f_y(a,\ b)(y - b) + f(a,\ b) \tag{7.10}$$

と表される．この平面上にあって，x 座標，y 座標がそれぞれ $a + \Delta x$，$b + \Delta y$ である点を S_1 とおくと，(7.10) より S_1 の座標は

$$\big(a + \Delta x,\ b + \Delta y,\ f_x(a,\ b)\,\Delta x + f_y(a,\ b)\,\Delta y + f(a,\ b)\big)$$

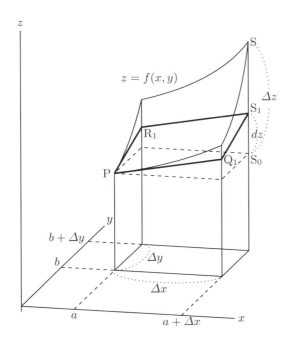

であり，P の座標は $(a,\ b,\ f(a,\ b))$ だから，P と S_1 の z 座標の値の差 S_0S_1 は

$$f_x(a,\ b)\ \Delta x + f_y(a,\ b)\ \Delta y$$

で表されることがわかる．したがって，(7.7) および (7.8) は，Δx, Δy が微小のとき，z の変化量 $\Delta z = S_0S$ が S_0S_1 で近似されること，すなわち

$$\Delta z \fallingdotseq f_x(a,\ b)\ \Delta x + f_y(a,\ b)\ \Delta y$$

を意味している．

問 7.4 液体中の粒子の沈降時間 T は沈降距離 H, 粒子径 D により

$$T = \frac{kH}{D^2} \quad (k\ \text{は定数})$$

で表される．H, D がそれぞれ ΔH, ΔD だけ微小変化したときの T の変化量を ΔT とおくとき，次の近似式が成り立つことを示せ．

$$\frac{\Delta T}{T} \fallingdotseq \frac{\Delta H}{H} - \frac{2\Delta D}{D}$$

7.2.2 合成関数の微分

関数 $z = f(x,\ y)$ は領域 D で全微分可能で，t の関数 $x = x(t)$, $y = y(t)$ は微分可能とする．点 $(x(t),\ y(t))$ が D 内にあるとき

$$z = f\big(x(t),\ y(t)\big)$$

は t の関数となる. この関数の導関数を求めよう.

t が Δt だけ変化するとき, x, y, z がそれぞれ Δx, Δy, Δz だけ変化するとすると, 124 ページの (7.7), (7.8) より

$$\Delta z = f_x(x, y)\,\Delta x + f_y(x, y)\,\Delta y + \varepsilon$$
$$ただし\quad \lim_{(\Delta x, \Delta y)\to(0,0)} \frac{\varepsilon}{\sqrt{(\Delta x)^2 + (\Delta y)^2}} = 0$$

両辺を Δt で割って

$$\frac{\Delta z}{\Delta t} = f_x(x, y)\,\frac{\Delta x}{\Delta t} + f_y(x, y)\,\frac{\Delta y}{\Delta t} + \frac{\varepsilon}{\Delta t}$$

$\Delta t \to 0$ のとき

$$\frac{\Delta x}{\Delta t} \to \frac{dx}{dt}, \quad \frac{\Delta y}{\Delta t} \to \frac{dy}{dt}$$
$$\left|\frac{\varepsilon}{\Delta t}\right| = \frac{|\varepsilon|}{\sqrt{(\Delta x)^2 + (\Delta y)^2}} \sqrt{\left(\frac{\Delta x}{\Delta t}\right)^2 + \left(\frac{\Delta y}{\Delta t}\right)^2} \to 0$$

したがって, 次の公式が成り立つ.

公式 7.1 ━━━━━━━━━━━━━━━━━━━━━━━━━━━━━━━━━

$z = f(x, y)$ が全微分可能で, $x = x(t)$, $y = y(t)$ が微分可能のとき

$$\frac{dz}{dt} = \frac{\partial z}{\partial x}\frac{dx}{dt} + \frac{\partial z}{\partial y}\frac{dy}{dt}$$

━━━

[例題 7.2]

$z = f(x, y)$ は全微分可能で, $x = a + ht$, $y = b + kt$ のとき, $z' = \dfrac{dz}{dt}$ を z_x, z_y で表せ. ただし, a, b, h, k は定数とする.

[解] $x' = \dfrac{dx}{dt} = h$, $y' = \dfrac{dy}{dt} = k$ だから
$$z' = z_x x' + z_y y' = h z_x + k z_y$$
　　　　　　　　　　　　　　　　　　　　　　　　　　　　　□

問 7.5　$z = f(x, y)$ は全微分可能で, $x = \cos 3t$, $y = \sin 2t$ のとき, z' を z_x, z_y および t の式で表せ.

u, v の関数 $x = x(u, v)$, $y = y(u, v)$ について, 点 $\bigl(x(u, v), y(u, v)\bigr)$ が領域 D 内にあれば

$$z = f\bigl(x(u, v), y(u, v)\bigr)$$

は u, v の関数になる. このとき, 公式 7.1 より次の公式が得られる.

公式 7.2 ━━━━━━━━━━━━━━━━━━━━━━━━━━

$z = f(x, y)$ は全微分可能で，$x = x(u, v)$，$y = y(u, v)$ は u，v について偏微分可能のとき

$$\frac{\partial z}{\partial u} = \frac{\partial z}{\partial x}\frac{\partial x}{\partial u} + \frac{\partial z}{\partial y}\frac{\partial y}{\partial u}$$

$$\frac{\partial z}{\partial v} = \frac{\partial z}{\partial x}\frac{\partial x}{\partial v} + \frac{\partial z}{\partial y}\frac{\partial y}{\partial v}$$

━━━━━━━━━━━━━━━━━━━━━━━━━━━━━━━━━━━

[例題 7.3]

$z = f(x, y)$ は全微分可能で，$x = 2u - 3v$，$y = -4u + v$ のとき，z_u，z_v を z_x，z_y で表せ．

[解] $x_u = 2$，$x_v = -3$，$y_u = -4$，$y_v = 1$ だから

$$z_u = z_x x_u + z_y y_u = 2z_x - 4z_y, \quad z_v = z_x x_v + z_y y_v = -3z_x + z_y \qquad \square$$

問 7.6 $z = f(x, y)$ が全微分可能で，$x = 3u + 2v$，$y = uv$ のとき，z_u，z_v を z_x，z_y，u，v で表せ．

7.3 高次偏導関数

関数 $z = f(x, y)$ の偏導関数 $z_x = f_x(x, y)$，$z_y = f_y(x, y)$ が偏微分可能のとき

$$(f_x)_x = f_{xx} = \frac{\partial z_x}{\partial x} = \frac{\partial^2 z}{\partial x^2}, \qquad (f_x)_y = f_{xy} = \frac{\partial}{\partial y}\left(\frac{\partial z}{\partial x}\right) = \frac{\partial^2 z}{\partial y \partial x}$$

$$(f_y)_x = f_{yx} = \frac{\partial}{\partial x}\left(\frac{\partial z}{\partial y}\right) = \frac{\partial^2 z}{\partial x \partial y}, \quad (f_y)_y = f_{yy} = \frac{\partial^2 z}{\partial y^2}$$

が求められる．これらを $f(x, y)$ の**第 2 次偏導関数**または **2 階偏導関数**という．また，このとき，$f(x, y)$ は **2 回偏微分可能**という．

例 7.6 $z = e^{3x+y^2}$ について．$z_x = 3e^{3x+y^2}$，$z_y = 2ye^{3x+y^2}$ より

$z_{xx} = 9e^{3x+y^2}$，$z_{xy} = 3 \cdot 2ye^{3x+y^2} = 6ye^{3x+y^2}$

$z_{yx} = 2y \cdot 3e^{3x+y^2} = 6ye^{3x+y^2}$，$z_{yy} = 2e^{3x+y^2} + 4y^2 e^{3x+y^2} = 2(1 + 2y^2)e^{3x+y^2}$

例 7.6 では，$z_{xy} = z_{yx}$ である．z_{xy} と z_{yx} は偏微分の順序が違うから，等式が常に成り立つというわけではないが，これが成り立つための 1 つの条件として，次の定理が知られている．

定理 7.1 $z = f(x, y)$ について，z_{xy}，z_{yx} が存在して連続であれば，z_{xy} と z_{yx} は等しい．

　以下，本書では，偏微分の順序がいつでも交換できる場合を扱う．

問 7.7　次の関数について，第 2 次偏導関数を求めよ．

(1)　$z = x^4 + 4x^2y^2 - 3y^4$　　　　　　　(2)　$z = \sin 3x \cos 2y$

(3)　$z = \log(x^2 + y^2)$　　　　　　　　　(4)　$z = \sqrt{x^2 + 2y^2}$

　第 n 次偏導関数 $(n \geqq 3)$ も同様に定義される．

問 7.8　次の関数について，第 3 次偏導関数を求めよ．

(1)　$z = x^4 + 4x^2y^2 - 3y^4$　　　　　　　(2)　$z = \sin 3x \cos 2y$

[**例題 7.4**]

　$z = f(x, y),\ x = a + ht,\ y = b + kt$ のとき，$z'' = \dfrac{d^2z}{dt^2}$ を求めよ．ただし，$a,\ b,\ h,\ k$ は定数とする．

[**解**]　126 ページの例題 7.2 より $z' = hz_x + kz_y$ だから

$$
\begin{aligned}
z'' = \frac{dz'}{dt} &= h\frac{dz_x}{dt} + k\frac{dz_y}{dt} \\
&= h\left(\frac{\partial z_x}{\partial x}\frac{dx}{dt} + \frac{\partial z_x}{\partial y}\frac{dy}{dt}\right) + k\left(\frac{\partial z_y}{\partial x}\frac{dx}{dt} + \frac{\partial z_y}{\partial y}\frac{dy}{dt}\right) \\
&= h(hz_{xx} + kz_{xy}) + k(hz_{yx} + kz_{yy}) = h^2 z_{xx} + 2hk z_{xy} + k^2 z_{yy}
\end{aligned}
$$

　よって　$z'' = h^2 z_{xx} + 2hk z_{xy} + k^2 z_{yy}$　　　　　　　　　　□

問 7.9　例題 7.4 の関数について，次の等式を示せ．

$$
z^{(3)} = h^3 z_{xxx} + 3h^2 k z_{xxy} + 3hk^2 z_{xyy} + k^3 z_{yyy}
$$

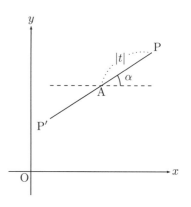

　関数 $f(x, y)$ は，領域 D で定理 7.1 の仮定を満たすとする．D 内に 1 点 A(a, b) をとり，A を通り，x 軸となす角が α である直線の上にある点を P(x, y) とする．このとき

$$\cos\alpha = h, \quad \sin\alpha = k$$

とおくと，$h^2 + k^2 = 1$ であり，点 P の座標は 1 つの変数 t により

$$x = a + ht, \quad y = b + kt$$

と表すことができる．

　$a,\ b,\ h,\ k$ は定数と考えると，t の関数

$$z = F(t) = f(a + ht,\ b + kt)$$

について，126 ページの例題 7.2 と 128 ページの例題 7.4 より

$$z' = F'(t) = hf_x(a + ht, b + kt) + kf_y(a + ht, b + kt)$$
$$z'' = F''(t)$$
$$= h^2 f_{xx}(a + ht, b + kt) + 2hk f_{xy}(a + ht, b + kt) + k^2 f_{yy}(a + ht, b + kt)$$

が成り立つ.

一方，71 ページの (4.6) より

$$F(t) = F(0) + F'(0)t + \frac{F''(0)}{2}t^2 + \varepsilon_2, \quad \lim_{t \to 0}\frac{\varepsilon_2}{t^2} = 0$$

だから，次の等式が得られる.

$$f(a + ht,\ b + kt) = f(a,\ b) + \{hf_x(a,\ b) + kf_y(a,\ b)\}t$$
$$+ \frac{1}{2}\{h^2 f_{xx}(a,\ b) + 2hk f_{xy}(a,\ b) + k^2 f_{yy}(a,\ b)\}t^2 + \varepsilon_2 \quad (7.11)$$

ここで

$$\lim_{t \to 0}\frac{\varepsilon_2}{t^2} = 0 \qquad (7.12)$$

は $h,\ k$ によらず成り立つことが知られている.

また，(7.11) で，$x = a + ht,\ y = b + kt$ を代入すると

$$ht = x - a, \quad kt = y - b$$

より

$$f(x,\ y) = f(a,\ b) + \{f_x(a,\ b)(x - a) + f_y(a,\ b)(y - b)\}$$
$$+ \frac{1}{2}\{f_{xx}(a,\ b)(x - a)^2 + 2f_{xy}(a,\ b)(x - a)(y - b)$$
$$+ f_{yy}(a,\ b)(y - b)^2\} + \varepsilon_2 \quad (7.13)$$

が得られる. 右辺から ε_2 を除いてできる $x,\ y$ の 2 次式を $f(x,\ y)$ の点 $(a,\ b)$ における **2 次近似式**という.

例 7.7 $z = e^{x - 2y}$ の $(0,\ 0)$ における 2 次近似式

$$z_x = e^{x - 2y},\ z_y = -2e^{x - 2y},\ z_{xx} = e^{x - 2y},\ z_{xy} = -2e^{x - 2y},\ z_{yy} = 4e^{x - 2y}$$

$x = 0,\ y = 0$ のとき，$z_x = 1,\ z_y = -2,\ z_{xx} = 1,\ z_{xy} = -2,\ z_{yy} = 4$
したがって，2 次近似式は $\quad 1 + (x - 2y) + \frac{1}{2}(x^2 - 4xy + 4y^2)$

問 7.10 次の関数について，括弧内の点における 2 次近似式を求めよ.
(1) $z = \cos(3x + 2y)$ $\quad ((0,\ 0))$ $\qquad$ (2) $z = x\tan y$ $\quad \left(\left(1,\ \frac{\pi}{4}\right)\right)$

7.4 極大・極小

関数 $f(x, y)$ が点 (a, b) の近くでは A において最大, すなわち, A の近く
にあって, A ではない任意の点 (x, y) に対して $f(a, b) > f(x, y)$ が成り立
つとき, $f(x, y)$ は A において**極大**であるといい, 値 $f(a, b)$ を**極大値**という.
また, $f(x, y)$ が A の近くでは A において最小, すなわち, A の近くにあっ
て, A ではない任意の点 (x, y) に対して $f(a, b) < f(x, y)$ が成り立つとき,
$f(x, y)$ は A において**極小**であるといい, 値 $f(a, b)$ を**極小値**という. 極大値
と極小値を合わせて**極値**という.

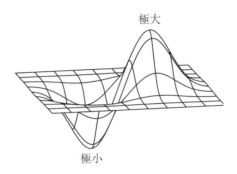

本節では, 2 回偏微分可能で, 偏導関数が連続である関数 $f(x, y)$ について,
極値を調べる方法を説明する.

7.4.1 極値の必要条件

$f(x, y)$ が点 (a, b) で極値をとるとき, $y = b$ として得られる x の 1 変数
関数 $z = f(x, b)$ は $x = a$ で極値をとるから, $f_x(a, b) = 0$ となる. 同様に,
$x = a$ として得られる y の 1 変数関数 $z = f(a, y)$ も $y = b$ で極値をとるから,
$f_y(a, b) = 0$ が成り立つ. したがって, 極値をとるための必要条件として, 次
の公式が得られる.

公式 7.3 ━━━━━━━━━━━━━━━━━━━━━━━━━━━━━━━━

$f(x, y)$ が (a, b) で極値をとるならば

$$f_x(a, b) = 0, \quad f_y(a, b) = 0 \tag{7.14}$$

━━━━━━━━━━━━━━━━━━━━━━━━━━━━━━━━━━━━━━

(7.14) を満たす点 (a, b) を**停留点**という.

[例題 7.5]

$z = y e^{-x^2 - y^2}$ について, 停留点を求めよ.

[解]　$z_x = -2xy\,e^{-x^2-y^2}$,　$z_y = e^{-x^2-y^2} - 2y^2\,e^{-x^2-y^2} = (1-2y^2)\,e^{-x^2-y^2}$
　　　$e^{-x^2-y^2} \neq 0$ に注意すると，$z_x = 0$, $z_y = 0$ より

$$-2xy = 0, \quad 1 - 2y^2 = 0$$

　　第 2 式より　$y = \pm\dfrac{1}{\sqrt{2}}$, したがって，第 1 式より　$x = 0$

　　よって，停留点は　$\left(0,\ \dfrac{1}{\sqrt{2}}\right)$,　$\left(0,\ -\dfrac{1}{\sqrt{2}}\right)$　　　　　□

問 7.11　次の関数について，停留点を求めよ.

(1) $z = xy + 3$　　　　　　　　　　(2) $z = x^2 + xy + y^2 - 5x - 4y$

(3) $z = (2x + y^2)\,e^x$　　　　　　(4) $z = x^4 + 2xy^2 - 4x + 2$

7.4.2　極値の判定

　関数 $z = f(x,\ y)$ について，点 $(a,\ b)$ が停留点，すなわち，公式 7.3 を満た
していても，必ずしも極値をとるわけではない. このことは，$y = f(x)$ におい
て，点 a で $y' = 0$ であっても極値をとらない場合があることと同様である.

例 7.8　$z = x^2 - y^2$
　$z_x = 2x$, $z_y = -2y$ より　原点 $(0,\ 0)$ は停留点
しかし，$(0,\ 0)$ で極値をとらない. 実際，
　　x 軸上の点 $(x,\ 0)$ における値は　$z = x^2 > 0$　$(x \neq 0)$
　　y 軸上の点 $(0,\ y)$ における値は　$z = -y^2 < 0$　$(y \neq 0)$

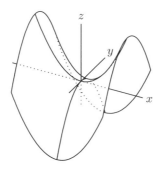

　次の関数について，どのような場合に極値をとるかを調べよう.

$$z = \frac{1}{2}Ax^2 + Bxy + \frac{1}{2}Cy^2 \quad (A,\ B,\ C \text{ は定数で } A \neq 0) \tag{7.15}$$

　まず，$z_x = Ax + By$, $z_y = Bx + Cy$ より，$(0,\ 0)$ は停留点で，$z(0,\ 0) = 0$
である. また，2 次偏導関数は　$z_{xx} = A$, $z_{xy} = B$, $z_{yy} = C$　となる.
　(7.15) を変形すると

$$z = \frac{A}{2}\left(x^2 + \frac{2B}{A}xy + \frac{C}{A}y^2\right)$$
$$= \frac{A}{2}\left(\left(x + \frac{B}{A}y\right)^2 - \frac{B^2}{A^2}y^2 + \frac{C}{A}y^2\right)$$
$$= \frac{A}{2}\left(\left(x + \frac{B}{A}y\right)^2 + \frac{AC-B^2}{A^2}y^2\right) \tag{7.16}$$

（ⅰ）$AC - B^2 > 0$, $A > 0$ のとき，(7.16) の右辺の各項はともに 0 以上だから，$z \geqq 0$ で，$z = 0$ となるのは

$$\left(x + \frac{B}{A}y\right)^2 = 0, \quad \frac{AC-B^2}{A^2}y^2 = 0$$

より $x = 0$, $y = 0$ の場合に限る．したがって，$(0, 0)$ で極小値をとる．

（ⅱ）$AC - B^2 > 0$, $A < 0$ のときも，同様にして極大値をとることがわかる．

（ⅲ）$AC - B^2 < 0$, $A > 0$ のとき，$y = 0$, $x \neq 0$ とすると，$z > 0$ となるが，$y \neq 0$, $x = -\dfrac{B}{A}y$ とすると，$z < 0$ となるから，極値をとらない．

$A < 0$ の場合も同様に極値をとらないことがわかる．

本書では証明しないが，一般の関数についても次の定理が知られている．

定理 7.2 関数 $f(x, y)$ について，点 (a, b) が停留点で

$$A = f_{xx}(a, b), \quad B = f_{xy}(a, b), \quad C = f_{yy}(a, b)$$
$$D = AC - B^2$$

とおくと

（Ⅰ）$D > 0$ の場合

　（ⅰ）$A > 0$ であれば，$f(x, y)$ は (a, b) で極小値をとる．

　（ⅱ）$A < 0$ であれば，$f(x, y)$ は (a, b) で極大値をとる．

（Ⅱ）$D < 0$ の場合，$f(x, y)$ は (a, b) で極値をとらない．

注　$D = 0$ のとき，上の方法では極値の判定はできない．

［例題 7.6］

$z = y\,e^{-x^2-y^2}$ について，停留点で実際に極値をとるかを調べよ．

［解］ 例題 7.5 より $z_x = -2xy\,e^{-x^2-y^2}$，$z_y = (1 - 2y^2)\,e^{-x^2-y^2}$ であり，停留点は

$\left(0, \dfrac{1}{\sqrt{2}}\right)$, $\left(0, -\dfrac{1}{\sqrt{2}}\right)$ である．第 2 次偏導関数を求めると

$$z_{xx} = 2y(2x^2 - 1)\,e^{-x^2-y^2}$$
$$z_{xy} = 2x(2y^2 - 1)\,e^{-x^2-y^2}$$
$$z_{yy} = 2y(2y^2 - 3)\,e^{-x^2-y^2}$$

（ⅰ）$\left(0, \dfrac{1}{\sqrt{2}}\right)$ のとき

$$z_{xx} = -\sqrt{2}\,e^{-\frac{1}{2}} < 0, \quad z_{xy} = 0, \quad z_{yy} = -2\sqrt{2}\,e^{-\frac{1}{2}}$$
$$D = \sqrt{2}e^{-\frac{1}{2}}2\sqrt{2}e^{-\frac{1}{2}} - 0^2 = 4\,e^{-1} > 0$$

したがって，極大であり，極大値 $\dfrac{1}{\sqrt{2e}}$ をとる．

（ⅱ）$\left(0, -\dfrac{1}{\sqrt{2}}\right)$ のとき

$$z_{xx} = \sqrt{2}\,e^{-\frac{1}{2}} > 0, \quad z_{xy} = 0, \quad z_{yy} = 2\sqrt{2}\,e^{-\frac{1}{2}}$$
$$D = \sqrt{2}e^{-\frac{1}{2}}2\sqrt{2}e^{-\frac{1}{2}} - 0^2 = 4\,e^{-1} > 0$$

したがって，極小であり，極小値 $-\dfrac{1}{\sqrt{2e}}$ をとる． □

問 7.12 131 ページ問 7.11 の関数について，停留点で極値をとるかを調べよ．

章末問題 7

— **A** —

7.1 次の関数について，偏導関数と第 2 次偏導関数を求めよ．

(1) $z = \dfrac{y}{x}$ (2) $z = e^{2x} \sin 3y$ (3) $z = e^{xy}$ (4) $z = x^2 \sin xy$

7.2 次の関数の全微分を求めよ．

(1) $z = \sqrt{x^2 - y^2}$ (2) $z = e^x \sin y$ (3) $z = \tan xy$

7.3 $x = u \cos\alpha - v \sin\alpha$, $y = u \sin\alpha + v \cos\alpha$ (α は定数) とするとき，$z = f(x, y)$ に関して次の等式が成り立つことを示せ．

(1) $z_u{}^2 + z_v{}^2 = z_x{}^2 + z_y{}^2$ (2) $z_{xx} + z_{yy} = z_{uu} + z_{vv}$

7.4 $z = f\left(\dfrac{x}{y}\right)$ とおくとき，$x\dfrac{\partial z}{\partial x} + y\dfrac{\partial z}{\partial y} = 0$ が成り立つことを示せ．

7.5 次の関数について，極値を求めよ．

(1) $z = 2x^2 - 8xy + 17y^2 - 8x - 2y$ (2) $z = -2x^2 + 2xy - 3y^2 + 2x + 4y + 1$
(3) $z = x^3 + 2xy^2 - 12x$ (4) $z = 3xy - x^3 - y^3$

— **B** —

7.6 関数 $f(x, y)$ について，点 (a, b) の近くの任意の点 $(a + \Delta x, b + \Delta y)$ における値が次のように表されるとする．ただし，A, B は定数とする．

$$f(a + \Delta x, b + \Delta y) = f(a, b) + A\Delta x + B\Delta y + \varepsilon, \quad \lim_{\Delta x \to 0, \Delta y \to 0} \frac{\varepsilon}{\sqrt{(\Delta x)^2 + (\Delta y)^2}} = 0$$

このとき，$f(x, y)$ は点 (a, b) で偏微分可能で，$f_x(a, b) = A$, $f_y(a, b) = B$ であることを示せ．

7.7 関数 $f(x, y) = (y - x^2)(y - 2x^2)$ について，次の問いに答えよ．

(1) 点 $(0, 0)$ が $f(x, y)$ の停留点であることを示せ．
(2) $f(x, y)$ が $(0, 0)$ で極値をとるかどうかを調べよ．

7.8 3 変数関数 $w = f(x, y, z)$ の偏微分も 2 変数関数と同様に定義される．次の関数について，偏導関数 w_x, w_y, w_z を求めよ．

(1) $w = x^2 + y^2 - 3z^2 - xy + yz + 3zx$ (2) $w = x \cos(2y + z)$

7.9 3 変数関数 $w = f(x, y, z)$ が点 (a, b, c) で極値をとるとき，2 変数関数の場合と同様に，次の等式

$$f_x(a, b, c) = 0, \quad f_y(a, b, c) = 0, \quad f_z(a, b, c) = 0$$

を満たす点 (a, b, c) を停留点という．$w = x^2 - 2y^2 + 2z^2 + 2xy + 8yz - 2zx + 8y$ の停留点を求めよ．

8

重 積 分

8.1　2重積分の定義

2変数関数 $f(x,\ y)$ の領域 D における **2重積分**

$$\iint_D f(x,\ y)\,dxdy$$

を，立体の体積としての意味を考えながら定義しよう．ただし，D は

$$a \leqq x \leqq b,\quad c \leqq y \leqq d$$

で表される長方形の領域とし，D において $f(x,\ y) \geqq 0$ とする．また，曲面 $z = f(x,\ y)$，領域 D，および D の各辺を含み z 軸に平行な平面で囲まれてできる立体を V とする．

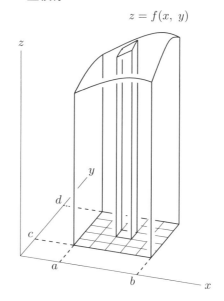

1変数関数の定積分のときと同様に，2つの辺を小区間

$$a = x_0 < x_1 < x_2 < \cdots < x_m = b$$
$$c = y_0 < y_1 < y_2 < \cdots < y_n = d$$

に分け，D を小さな長方形 $\{D_{ij}\}$ に分割する．

$$D_{ij} : x_{i-1} \leqq x \leqq x_i\ ,\ y_{j-1} \leqq y \leqq y_j \quad (i = 1, 2, \cdots, m,\ j = 1, 2, \cdots, n)$$

各 D_{ij} と曲面とで挟まれる柱状の小立体の体積 V_{ij} は，D_{ij} を底面とし曲面までの高さをもつ直方体の体積で近似される．すなわち，D_{ij} 内の1点を $(\xi_{ij},\ \eta_{ij})$ とし，$\Delta x_i = x_i - x_{i-1}$，$\Delta y_j = y_j - y_{j-1}$ とおくとき

$$V_{ij} \fallingdotseq f(\xi_{ij},\ \eta_{ij})\,\Delta x_i \Delta y_j \tag{8.1}$$

すべての $i,\ j$ について，(8.1) の右辺の和をとり

$$\sum_{i,\ j} f(\xi_{ij},\ \eta_{ij})\,\Delta x_i \Delta y_j \tag{8.2}$$

と表す．これは立体 V の体積の近似式である．さらに，$\Delta x_i \to 0,\ \Delta y_j \to 0$ となるように，分割 $\{D_{ij}\}$ を限りなく細かくするとき，(8.2) が，分割のしかたと点 $(\xi_{ij},\ \eta_{ij})$ のとりかたによらず，一定の値に近づくならば，$f(x,\ y)$ は D において，**2 重積分可能**といい，その値を

$$\iint_D f(x,\ y)\,dxdy = \lim_{\substack{\Delta x_i \to 0 \\ \Delta y_j \to 0}} \sum_{i,\ j} f(\xi_{ij},\ \eta_{ij})\,\Delta x_i \Delta y_j \tag{8.3}$$

のように表す．これが $f(x,\ y)$ の D における 2 重積分の定義であり，領域 D を**積分領域**という．

　領域 D で必ずしも正でない関数 $f(x,\ y)$ の 2 重積分も，(8.3) で定義される．

例 8.1　$f(x,\ y) = 1$ (定数関数) のとき

$$\sum_{i,\ j} f(\xi_{ij},\ \eta_{ij})\,\Delta x_i \Delta y_j = \sum_{i,\ j} \Delta x_i \Delta y_j$$

$\Delta x_i \Delta y_j$ は小領域 D_{ij} の面積だから，それらの和は D の面積の値に等しい．したがって

$$\iint_D 1\,dxdy = \iint_D dxdy = (b-a)(d-c)$$

> **注** 2 重積分の値が (8.3) で求められるのは，例 8.1 のようにごく簡単な場合に限られる．(8.3) は，右辺で定まる量を 2 重積分で表すときによく用いられる．

　D が長方形の領域でない場合は，D を含む長方形領域 D' をとり，D 以外の点 $(x,\ y)$ に対して

$$f(x,\ y) = 0$$

とおくことにすると，(8.3) より

$$\iint_{D'} f(x,\ y)\,dxdy$$

が定義される．この 2 重積分の値は D' のとりかたによらない．これを $f(x,\ y)$ の領域 D における 2 重積分と定める．

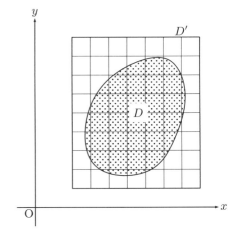

　(8.3) を用いると，2 重積分のいくつかの性質が証明される．

　まず，関数 $f(x,\ y),\ g(x,\ y)$，定数 $a,\ b$ について

$$\{af(\xi_{ij},\eta_{ij})+b\,g(\xi_{ij},\eta_{ij})\}\,\Delta x_i\Delta y_j = af(\xi_{ij},\eta_{ij})\,\Delta x_i\Delta y_j+b\,g(\xi_{ij},\eta_{ij})\,\Delta x_i\Delta y_j$$

となるから

$$\iint_D \{a\boldsymbol{f}(\boldsymbol{x},\ \boldsymbol{y}) + b\,\boldsymbol{g}(\boldsymbol{x},\ \boldsymbol{y})\}\,d\boldsymbol{x}d\boldsymbol{y}$$

$$= a \iint_D \boldsymbol{f}(\boldsymbol{x},\ \boldsymbol{y})\,d\boldsymbol{x}d\boldsymbol{y} + b \iint_D \boldsymbol{g}(\boldsymbol{x},\ \boldsymbol{y})\,d\boldsymbol{x}d\boldsymbol{y} \qquad (8.4)$$

また, 領域 D を 2 つの領域 D_1, D_2 に分けるとき

$$f_1(x,\ y) = \begin{cases} f(x,\ y) & (D_1\ 内の点) \\ 0 & (それ以外) \end{cases}$$

$$f_2(x,\ y) = \begin{cases} f(x,\ y) & (D_2\ 内の点) \\ 0 & (それ以外) \end{cases}$$

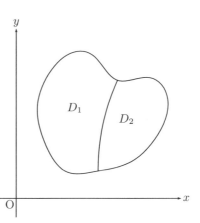

とおくと

$$f(x,\ y) = f_1(x,\ y) + f_2(x,\ y)$$

かつ, $k = 1,\ 2$ について

$$\iint_D f_k(x,\ y)\,dxdy = \iint_{D_k} f_k(x,\ y)\,dxdy = \iint_{D_k} f(x,\ y)\,dxdy$$

したがって, (8.4) より

$$\iint_{\boldsymbol{D}} \boldsymbol{f}(\boldsymbol{x},\ \boldsymbol{y})\,d\boldsymbol{x}d\boldsymbol{y} = \iint_{\boldsymbol{D_1}} \boldsymbol{f}(\boldsymbol{x},\ \boldsymbol{y})\,d\boldsymbol{x}d\boldsymbol{y} + \iint_{\boldsymbol{D_2}} \boldsymbol{f}(\boldsymbol{x},\ \boldsymbol{y})\,d\boldsymbol{x}d\boldsymbol{y} \qquad (8.5)$$

が成り立つ.

さらに, 次の性質が証明される.

公式 8.1 ─────────────

(1) D 内で $f(x,\ y) \geqq g(x,\ y)$ ならば $\displaystyle\iint_D f(x,\ y)\,dxdy \geqq \iint_D g(x,\ y)\,dxdy$

(2) $\displaystyle\left|\iint_D f(x,\ y)\,dxdy\right| \leqq \iint_D |f(x,\ y)|\,dxdy$

─────────────

[証明] (8.3) より

$$f(x,\ y) \geqq 0\ のとき \quad \iint_D f(x,\ y)\,dxdy \geqq 0$$

となることを用いる.

(1) $f(x,\ y) - g(x,\ y) \geqq 0$ より, 不等式が成り立つ.

(2) $-|f(x,\ y)| \leqq f(x,\ y) \leqq |f(x,\ y)|$ より

$$-\iint_D |f(x,\ y)|\,dxdy \leqq \iint_D f(x,\ y)\,dxdy \leqq \iint_D |f(x,\ y)|\,dxdy$$

したがって，不等式が成り立つ．　　　　　　　　　　　　　　　　　　　□

8.2　2 重積分の計算

8.2.1　長方形領域における 2 重積分の計算

　関数 $f(x,\ y)$ が連続のとき，2 重積分の値は 1 変数関数の定積分により計算される．その方法を立体の体積を用いて説明しよう．ただし，領域 D は

$$a \leqq x \leqq b, \quad c \leqq y \leqq d$$

で表される長方形の領域とし，$f(x,\ y) \geqq 0$ とする．

　2 重積分の定義のときと同様に，領域 D と曲面 $z = f(x,\ y)$ とが挟む立体を V とすると，2 重積分 $\iint_D f(x,\ y)\,dxdy$ は立体 V の体積である．

　区間 $c \leqq y \leqq d$ を小区間

$$c = y_0 < y_1 < \cdots < y_{j-1} < y_j < \cdots < y_n = d$$

に分け，xy 平面上の小領域

$$a \leqq x \leqq b, \quad y_{j-1} \leqq y \leqq y_j$$

と曲面 $z = f(x,\ y)$ とで挟まれる板状の立体の体積を V_j とおく．点 $(0,\ y,\ 0)$ を通り xz 平面に平行な平面で切ったときの断面積を $S(y)$ と書くことにすると，V_j の体積は次のように近似される．

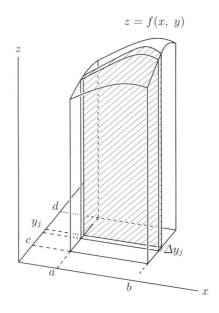
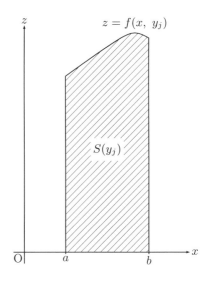

$$V_j \fallingdotseq S(y_j)\,\Delta y_j \quad (ただし \ \Delta y_j = y_j - y_{j-1}) \tag{8.6}$$

V の体積はすべての j について (8.6) の右辺の和をとり，$\Delta y_j \to 0$ とすることで求められるから

$$V = \lim_{\Delta y_j \to 0} \sum_j S(y_j)\,\Delta y_j$$

したがって，定積分の定義より

$$V = \int_c^d S(y)\,dy$$

が成り立つ．ここで，$S(y)$ は x だけを変数と考えたときの関数 $z = f(x,\,y)$ の a から b までの定積分で求められるから

$$S(y) = \int_a^b f(x,\,y)\,dx$$

以上より，次の等式が得られる．

$$\iint_D f(x,\,y)\,dxdy = \int_c^d \left\{ \int_a^b f(x,\,y)\,dx \right\} dy \tag{8.7}$$

右辺の積分を**累次積分**という．

同様に，区間 $a \leqq x \leqq b$ を小区間に分け，点 $(x,\,0,\,0)$ を通り yz 平面に平行な平面で立体 V を切ったときの断面積が

$$S(x) = \int_c^d f(x,\,y)\,dy$$

であることに注意すると，次の等式が成り立つことがわかる．

$$\iint_D f(x,\,y)\,dxdy$$
$$= \int_a^b \left\{ \int_c^d f(x,\,y)\,dy \right\} dx \tag{8.8}$$

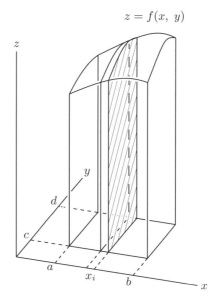

公式 8.2

D が $a \leqq x \leqq b,\ c \leqq y \leqq d$ で表される領域のとき

$$\iint_D f(x,\,y)\,dxdy = \int_c^d \left\{ \int_a^b f(x,\,y)\,dx \right\} dy = \int_a^b \left\{ \int_c^d f(x,\,y)\,dy \right\} dx$$

[例題 8.1]

D が $1 \leqq x \leqq 2$, $0 \leqq y \leqq 3$ で表される領域のとき，次の値を求めよ．

$$\iint_D (x + xy - y^2)\, dxdy$$

[解] 求める 2 重積分の値を I とおくと

$$I = \int_0^3 \left\{ \int_1^2 (x + xy - y^2)\, dx \right\} dy$$

$$= \int_0^3 \left[\frac{1}{2}x^2 + \frac{1}{2}x^2 y - xy^2 \right]_1^2 dy$$

$$= \int_0^3 \left(\frac{3}{2} + \frac{3}{2}y - y^2 \right) dy$$

$$= \left[\frac{3}{2}y + \frac{3}{4}y^2 - \frac{1}{3}y^3 \right]_0^3 = \frac{9}{4} \qquad \square$$

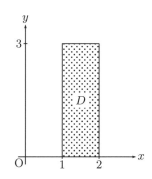

問 8.1　次の関数について，括弧内の領域 D における 2 重積分の値を求めよ．

(1) $z = y^2 - x^2$ $\qquad\qquad (D : 0 \leqq x \leqq 1,\ 1 \leqq y \leqq 2)$

(2) $z = e^{2x} \sin y$ $\qquad\qquad (D : 0 \leqq x \leqq 1,\ 0 \leqq y \leqq \pi)$

(3) $z = \sin(2x + y)$ $\qquad \left(D : 0 \leqq x \leqq \dfrac{\pi}{2},\ 0 \leqq y \leqq \dfrac{\pi}{2} \right)$

8.2.2　一般の領域における 2 重積分の計算

区間 $[a,\ b]$ で $\varphi(x) \leqq \psi(x)$ のとき，次の不等式で表される領域を D とする．

$$a \leqq x \leqq b, \quad \varphi(x) \leqq y \leqq \psi(x)$$

D は，図のように直線 $x = a$, $x = b$ および曲線 $y = \varphi(x)$, $y = \psi(x)$ とで囲まれる領域である．

D を含む長方形領域

$$D' : a \leqq x \leqq b, \quad c \leqq y \leqq d$$

をとり，D 以外の点に対して $f(x,\ y) = 0$ と定めると，公式 8.2 より

$$\iint_D f(x,\ y)\, dxdy$$

$$= \int_a^b \left\{ \int_c^d f(x,\ y)\, dy \right\} dx$$

$y < \varphi(x)$, $y > \psi(x)$ のとき，$f(x,\ y) = 0$ だから

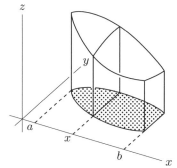

$$\int_c^d f(x,\ y)\,dy = \int_{\varphi(x)}^{\psi(x)} f(x,\ y)\,dy$$

したがって，次の等式が成り立つ.

$$\iint_D f(x,\ y)\,dxdy = \int_a^b \left\{ \int_{\varphi(x)}^{\psi(x)} f(x,\ y)\,dy \right\} dx \qquad (8.9)$$

例 8.2　D が不等式 $0 \leqq x \leqq 2,\ 0 \leqq y \leqq \sqrt{x}$ で表されるとき

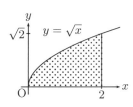

$$\begin{aligned}
\iint_D x^2 y\,dxdy &= \int_0^2 \left\{ \int_0^{\sqrt{x}} x^2 y\,dy \right\} dx \\
&= \int_0^2 \left[\frac{1}{2} x^2 y^2 \right]_0^{\sqrt{x}} dx \\
&= \int_0^2 \frac{1}{2} x^3 \,dx = 2
\end{aligned}$$

問 8.2　括弧内の領域 D における 2 重積分の値を求めよ.

(1) $\displaystyle\iint_D \frac{y}{x}\,dxdy$ $\qquad (D : 1 \leqq x \leqq 2,\ x^2 \leqq y \leqq 2x)$

(2) $\displaystyle\iint_D \sin(x+y)\,dxdy$ $\qquad (D : 0 \leqq x \leqq \pi,\ -x \leqq y \leqq x)$

同様に，D が図のように直線 $y = c,\ y = d$ および曲線 $x = \varphi(y),\ x = \psi(y)$ とで囲まれるとき，すなわち不等式

$$c \leqq y \leqq d, \quad \varphi(y) \leqq x \leqq \psi(y)$$

で表される領域のときは，次の等式が成り立つ.

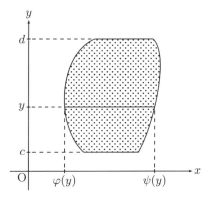

$$\iint_D f(x,\ y)\,dxdy$$
$$= \int_c^d \left\{ \int_{\varphi(y)}^{\psi(y)} f(x,\ y)\,dx \right\} dy \quad (8.10)$$

例 8.3　D が不等式 $0 \leqq y \leqq \pi,\ 0 \leqq x \leqq 2\sin y$ で表されるとき

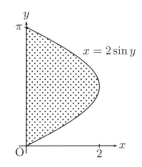

$$\begin{aligned}
\iint_D \sin y\,dxdy &= \int_0^\pi \left\{ \int_0^{2\sin y} \sin y\,dx \right\} dy \\
&= \int_0^\pi \left[x \sin y \right]_0^{2\sin y} dy \\
&= \int_0^\pi 2\sin^2 y\,dy \\
&= \int_0^\pi (1 - \cos 2y)\,dy = \pi
\end{aligned}$$

問 8.3　括弧内の領域 D における 2 重積分の値を求めよ.

(1) $\displaystyle\iint_D x^2 y \, dxdy$ 　　　　　　$(D : 0 \leqq y \leqq 1, \ 0 \leqq x \leqq y)$

(2) $\displaystyle\iint_D (2x + y) \, dxdy$ 　　　$(D : 0 \leqq y \leqq 2, \ 2y \leqq x \leqq 4)$

8.3　極座標と 2 重積分

8.3.1　極 座 標

　座標平面上の点 P の位置は, 原点 O からの距離 r と, x 軸の正の方向と OP のなす角 θ によっても定まる. この (r, θ) を**極座標**といい, r を**動径**, θ を**偏角**という. これに対して, 座標 (x, y) を**直交座標**という. 原点 O については, $r = 0$ であるが, 偏角 θ は考えないことにする. 原点 O 以外の点については, 偏角 θ の値は 1 つではないが, 通常はその 1 つをとればよい.

　点 P の直交座標を (x, y), 極座標を (r, θ) とすると, 図より次の関係が成り立つことがわかる.

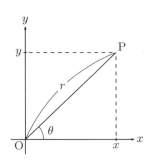

$$x = r\cos\theta, \quad y = r\sin\theta, \quad x^2 + y^2 = r^2 \qquad (8.11)$$

例 8.4　点 P の直交座標が $(\sqrt{3}, \ 1)$ のとき

$$r = \sqrt{x^2 + y^2} = \sqrt{(\sqrt{3})^2 + 1} = 2$$
$$\cos\theta = \frac{x}{r} = \frac{\sqrt{3}}{2}, \quad \sin\theta = \frac{y}{r} = \frac{1}{2}$$

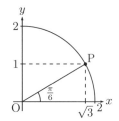

したがって, $r = 2$, $\theta = \dfrac{\pi}{6}$ となるから, 極座標では $\left(2, \ \dfrac{\pi}{6}\right)$ と表される.

問 8.4　図の円上にある点 A, B, C, D, E について直交座標と極座標を求めよ.

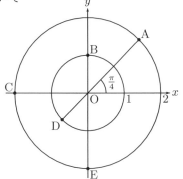

8.3.2 極座標変換による 2 重積分

x, y についての関数や式を，(8.11) により r, θ についての関数や式に直す
ことを**極座標に変換する**という．

例 8.5 円 $x^2 + y^2 = 9 \, (= 3^2)$ を極座標に変換すると

$$r = 3$$

不等式

$$x^2 + y^2 \leqq 9, \quad x \geqq 0, \, y \geqq 0$$

の表す領域を極座標に変換すると

$$0 \leqq r \leqq 3, \quad 0 \leqq \theta \leqq \frac{\pi}{2}$$

関数 $z = 4 - \dfrac{x^2 + y^2}{36}$ を極座標に変換すると

$$z = 4 - \frac{r^2}{36}$$

になる．

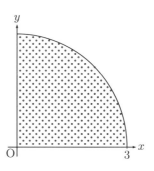

問 8.5 極座標に変換せよ．

(1) 直線 $x + y = 1$

(2) 不等式 $x^2 + y^2 \leqq 1, \, y \geqq 0$ の表す領域

(3) 関数 $z = x^2 + xy + y^2$

極座標変換により，2 重積分

$$\iint_D f(x, \, y) \, dxdy$$

がどのように表されるかを，立体の体積を考えることにより求めよう．

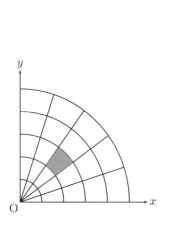

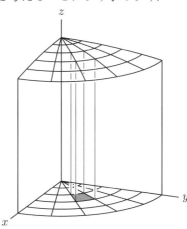

領域 D は，極座標で

$$a \leqq r \leqq b, \quad \alpha \leqq \theta \leqq \beta$$

と表されるとし，区間 $[a, b]$，$[\alpha, \beta]$ を小区間

$$a = r_0 < r_1 < r_2 < \cdots < r_m = b$$
$$\alpha = \theta_0 < \theta_1 < \theta_2 < \cdots < \theta_n = \beta$$

に分け，D を小領域 $\{D_{ij}\}$ に分割する．

$$D_{ij} : r_{i-1} \leqq r \leqq r_i \,, \; \theta_{j-1} \leqq \theta \leqq \theta_j \quad (i = 1, 2, \cdots, m, \; j = 1, 2, \cdots, n)$$

各 D_{ij} と曲面とで挟まれる柱状の小立体の体積 V_{ij} は，D_{ij} を底面とし曲面までの高さをもつ柱状立体の体積で近似される．すなわち，D_{ij} の面積を D_{ij} で表し，D_{ij} 内の 1 点における高さ $z = f(x, y)$ を z_{ij} とおくと

$$V_{ij} \fallingdotseq z_{ij} D_{ij} \tag{8.12}$$

ここで，$\Delta r_i = r_i - r_{i-1}$，$\Delta \theta_j = \theta_j - \theta_{j-1}$
とおくと，4 ページの (1.3) より

$$
\begin{aligned}
D_{ij} &= \frac{1}{2}(r_{i-1} + \Delta r_i)^2 \Delta \theta_j - \frac{1}{2}{r_{i-1}}^2 \Delta \theta_j \\
&= \frac{1}{2}\{2r_{i-1}\Delta r_i + (\Delta r_i)^2\}\Delta \theta_j \\
&= \left(r_{i-1} + \frac{1}{2}\Delta r_i\right)\Delta r_i \Delta \theta_j
\end{aligned}
$$

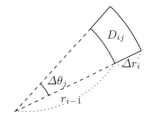

Δr_i が十分小さいとき，$r_{i-1} + \dfrac{1}{2}\Delta r_i \fallingdotseq r_{i-1}$ だから

$$V_{ij} \fallingdotseq z_{ij} \, r_{i-1} \Delta r_i \Delta \theta_j$$

2 重積分の値は，これらの和をとり，分割を限りなく細かくしたときの極限値として得られるから

$$\iint_D f(x, \, y)\,dxdy = \lim_{\substack{\Delta r_i \to 0 \\ \Delta \theta_j \to 0}} \sum_{i,j} z_{ij}\, r_{i-1}\Delta r_i \Delta \theta_j$$

(8.3) より，右辺は，r，θ を変数とするときの関数 $f(r\cos\theta, \, r\sin\theta)\, r$ の D における 2 重積分の値である．

以上より，次の公式が成り立つことがわかる．

公式 8.3

$(x, \, y)$ を $(r, \, \theta)$ に極座標変換して，領域 D を r，θ の不等式で表すとき

$$\iint_D f(x, \, y)\,dxdy = \iint_D f(r\cos\theta, \, r\sin\theta)\, r\,drd\theta$$

注　形式的には，$dxdy$ は次のように変換される.

$$dxdy = r\,drd\theta$$

[例題 8.2]

不等式 $1 \leqq x^2 + y^2 \leqq 4$ で表される領域を D とするとき，2 重積分

$$\iint_D \frac{x^2}{x^2 + y^2}\,dxdy$$

の値を求めよ.

[解]　$x = r\cos\theta$, $y = r\sin\theta$ とおくと　$dxdy = r\,drd\theta$

D は図の領域であり，r, θ について次の不等式で表される.

$$1 \leqq r \leqq 2, \quad 0 \leqq \theta \leqq 2\pi \tag{8.13}$$

また，$x^2 + y^2 = r^2$ だから

$$
\begin{aligned}
\iint_D \frac{x^2}{x^2 + y^2}\,dxdy
&= \iint_D \frac{r^2\cos^2\theta}{r^2} \cdot r\,drd\theta \\
&= \int_0^{2\pi} \left\{ \int_1^2 r\cos^2\theta\,dr \right\} d\theta \\
&= \int_0^{2\pi} \left[\frac{1}{2}r^2\cos^2\theta \right]_1^2 d\theta \\
&= \int_0^{2\pi} \frac{3}{2}\cos^2\theta\,d\theta \\
&= \frac{3}{4}\int_0^{2\pi} (1 + \cos 2\theta)\,d\theta = \frac{3}{2}\pi \quad \Box
\end{aligned}
$$

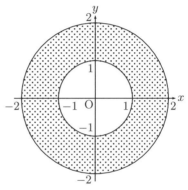

注　D を (8.13) のように表すと，x 軸の正の部分にある点は $\theta = 0, 2\pi$ の 2 通りで表されるが，2 重積分の計算には影響しない.

問 8.6　次の 2 重積分の値を求めよ.

(1) $\displaystyle\iint_D (x + y)\,dxdy$ 　　　$(D : x^2 + y^2 \leqq 1,\ y \geqq 0)$

(2) $\displaystyle\iint_D xy\,dxdy$ 　　　　　$(D : x^2 + y^2 \leqq 4,\ x \geqq 0,\ y \geqq 0)$

(3) $\displaystyle\iint_D (x^2 + y^2)\,dxdy$ 　　$(D : x^2 + y^2 \leqq 1)$

[例題 8.3]

円錐面 $z = \dfrac{h}{a}\left(a - \sqrt{x^2 + y^2}\right)$ と xy 平面で囲まれた立体の体積 V を求めよ.
ただし, h, a は正の定数とする.

[解] 曲面と xy 平面との交線は, $z = 0$ より $\sqrt{x^2 + y^2} = a$ すなわち $x^2 + y^2 = a^2$

したがって, $x^2 + y^2 \leqq a^2$ で表される領域を D とおくとき, V は

$$V = \iint_D \frac{h}{a}\left(a - \sqrt{x^2 + y^2}\right) dxdy$$

で計算される.

$x = r\cos\theta$, $y = r\sin\theta$ とおくと

$$dxdy = r\,drd\theta, \quad D : 0 \leqq r \leqq a,\ 0 \leqq \theta \leqq 2\pi$$

よって

$$\begin{aligned}
V &= \frac{h}{a} \iint_D (a - r) r\,drd\theta \\
&= \frac{h}{a} \int_0^{2\pi} \left\{ \int_0^a (ar - r^2)\,dr \right\} d\theta \\
&= \frac{h}{a} \int_0^{2\pi} \left[\frac{ar^2}{2} - \frac{r^3}{3} \right]_0^a d\theta = \frac{a^2 h}{6} \int_0^{2\pi} d\theta = \frac{1}{3}\pi a^2 h \qquad \square
\end{aligned}$$

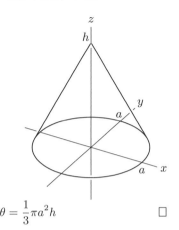

問 8.7 次の立体の体積を求めよ.

(1) 曲面 $z = 2 - (x^2 + y^2)$ と xy 平面で囲まれる立体

(2) xy 平面上の円 $x^2 + y^2 = 1$ を z 軸の正の方向に平行移動してできる円柱と
平面 $z = y$ および xy 平面で囲まれる立体

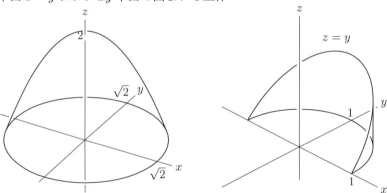

8.4 2重積分の広義積分と応用

8.4.1 2重積分の広義積分

領域 D の内部に関数 $f(x,\,y)$ の定義域外の点がある場合や D が無限に広
がっている場合でも, $f(x,\,y)$ の D における2重積分が定義されることもあ
る. これを**広義積分**という. 広義積分を一般的に定義することは難しい. 本節
では具体例を例題として示すことにする.

[例題 8.4]

不等式 $x \geqq 0$, $y \geqq 0$ で表される領域を D とするとき, 次の広義積分を求めよ.

$$\iint_D e^{-x^2-y^2}\,dxdy$$

[解] 不等式 $x^2 + y^2 \leqq R^2$, $x \geqq 0$, $y \geqq 0$ で表される領域を D_R とおく. まず, D_R における2重積分

$$I_R = \iint_{D_R} e^{-x^2-y^2}\,dxdy$$

を計算する (ただし $R > 0$).

$$x = r\cos\theta, \quad y = r\sin\theta$$

とおくと, $dxdy = rdrd\theta$, また D_R は

$$0 \leqq r \leqq R, \quad 0 \leqq \theta \leqq \frac{\pi}{2}$$

と表されるから

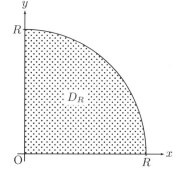

$$I_R = \int_0^{\frac{\pi}{2}} \left\{ \int_0^R e^{-r^2} r\,dr \right\} d\theta$$

$$= \int_0^{\frac{\pi}{2}} \left[-\frac{1}{2}e^{-r^2} \right]_0^R d\theta = \frac{1}{2}\int_0^{\frac{\pi}{2}} \left(1 - e^{-R^2}\right) d\theta = \frac{\pi}{4}\left(1 - e^{-R^2}\right)$$

$R \to \infty$ のとき, D_R は D に限りなく近づくから

$$\iint_D e^{-x^2-y^2}\,dxdy = \lim_{R\to\infty} I_R = \frac{\pi}{4} \qquad \square$$

問 8.8 不等式 $x^2 + y^2 \leqq 4$ で表される領域を D とするとき, 広義積分 $\displaystyle\iint_D \frac{1}{\sqrt{x^2+y^2}}\,dxdy$ を次の順で求めよ.

(1) $0 < \varepsilon < 2$ を満たす ε に対して, 不等式 $\varepsilon^2 \leqq x^2 + y^2 \leqq 4$ で表される領域 D_ε における2重積分 $\displaystyle\iint_{D_\varepsilon} \frac{1}{\sqrt{x^2+y^2}}\,dxdy$ を求めよ.

(2) $\varepsilon \to 0$ とすることにより, 広義積分 $\displaystyle\iint_D \frac{1}{\sqrt{x^2+y^2}}\,dxdy$ を求めよ.

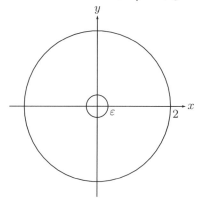

8.4.2 広義積分の応用

2重積分の広義積分を用いて，統計学などで用いられる次の積分公式が得られる．

公式 8.4 ━━━━━━━━━━━━━━━━━━━━━━━━━━━━━━━━━━

$$\int_0^\infty e^{-x^2}\, dx = \frac{\sqrt{\pi}}{2} \tag{8.14}$$

[証明] 例題 8.4 より，$x \geqq 0$, $y \geqq 0$ で表される領域を D とするとき

$$\iint_D e^{-x^2-y^2}\, dxdy = \frac{\pi}{4} \tag{8.15}$$

一方，この広義積分を極座標に変換せずに求めるために

$$D_R : 0 \leqq x \leqq R,\ 0 \leqq y \leqq R$$

とし，$\displaystyle\int_0^R e^{-x^2}\, dx = \int_0^R e^{-y^2}\, dy = I_R$ とおくと

$$\begin{aligned}
\iint_{D_R} e^{-x^2-y^2}\, dxdy &= \int_0^R \left\{ \int_0^R e^{-x^2} e^{-y^2}\, dy \right\} dx \\
&= \int_0^R e^{-x^2} \left\{ \int_0^R e^{-y^2}\, dy \right\} dx \\
&= I_R \int_0^R e^{-x^2}\, dx = (I_R)^2
\end{aligned}$$

$R \to \infty$ とすると，D_R は D に限りなく近づくから

$$\begin{aligned}
\iint_D e^{-x^2-y^2}\, dxdy &= \lim_{R\to\infty} \iint_{D_R} e^{-x^2-y^2}\, dxdy \\
&= \lim_{R\to\infty} (I_R)^2 = \left(\int_0^\infty e^{-x^2}\, dx \right)^2
\end{aligned}$$

したがって，(8.15) より

$$\left(\int_0^\infty e^{-x^2}\, dx \right)^2 = \frac{\pi}{4}$$

が成り立ち，$\displaystyle\int_0^\infty e^{-x^2}\, dx > 0$ より (8.14) が得られる．   □

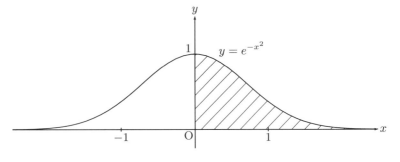

例 8.6　$y = e^{-x^2}$ のグラフは y 軸に関して対称だから

$$\int_{-\infty}^{\infty} e^{-x^2}\, dx = \sqrt{\pi}$$

また

$$\int_{-\infty}^{\infty} e^{-\frac{x^2}{2}}\, dx = \int_{-\infty}^{\infty} e^{-t^2} \sqrt{2}\, dt = \sqrt{2\pi}$$

$$\left(\frac{x}{\sqrt{2}} = t \text{ とおくと } \quad \frac{1}{\sqrt{2}} dx = dt \right)$$

問 8.9　次の広義積分を求めよ.

(1) $\displaystyle\int_{0}^{\infty} e^{-4x^2}\, dx$
　　　　　　　　　　　　(2) $\displaystyle\int_{-\infty}^{\infty} e^{-(x-1)^2}\, dx$

章末問題 8

— **A** —

8.1 次の 2 重積分の値を求めよ.

(1) $\displaystyle\iint_D \cos(x+y)\,dxdy$ $\qquad\left(D:0\leqq x\leqq\dfrac{\pi}{2},\ 0\leqq y\leqq\dfrac{\pi}{2}\right)$

(2) $\displaystyle\iint_D xy\,dxdy$ $\qquad(D:0\leqq x\leqq 1,\ 0\leqq y\leqq x^2)$

(3) $\displaystyle\iint_D \sqrt{x}\,dxdy$ $\qquad(D:0\leqq x\leqq y^2,\ 0\leqq y\leqq 2)$

8.2 括弧内の曲線で囲まれる領域 D における 2 重積分の値を求めよ.

(1) $\displaystyle\iint_D xy^2\,dxdy$ $\qquad(y=2x,\ y=x^2)$

(2) $\displaystyle\iint_D (x^2+y)\,dxdy$ $\qquad(y=x^2-4,\ y=-x^2+2)$

(3) $\displaystyle\iint_D y\sqrt{x}\,dxdy$ $\qquad\left(y=\dfrac{1}{x},\ y=x,\ y=0,\ x=2\right)$

8.3 次の 2 重積分を極座標変換により求めよ.

(1) $\displaystyle\iint_D \dfrac{1}{x^2+y^2}\,dxdy$ $\qquad(D:1\leqq x^2+y^2\leqq 2)$

(2) $\displaystyle\iint_D \dfrac{1}{1+x^2+y^2}\,dxdy$ $\qquad(D:x^2+y^2\leqq 3,\ y\geqq 0)$

(3) $\displaystyle\iint_D \sqrt{4-x^2-y^2}\,dxdy$ $\qquad(D:x^2+y^2\leq 4,\ x\geqq 0)$

— **B** —

8.4 次の問いに答えよ.

(1) 円 $C:(x-1)^2+y^2=1$ を極座標で表すと $r=2\cos\theta$ であることを示せ.

(2) 円 C で囲まれた領域を D とするとき, D を $r,\ \theta$ の不等式で表せ.

(3) 2 重積分 $\displaystyle\iint_D \sqrt{x^2+y^2}\,dxdy$ を求めよ.

8.5 不等式 $x^2+y^2\leqq 1$ で表される領域 D について, 次の広義積分を求めよ.

(1) $\displaystyle\iint_D \dfrac{x^2}{\sqrt{x^2+y^2}}\,dxdy$ $\qquad\qquad$ (2) $\displaystyle\iint_D \log(x^2+y^2)\,dxdy$

8.6 定数 $\mu,\ \sigma\ (\sigma>0)$ について, $f(x)=\dfrac{1}{\sqrt{2\pi}\sigma}\,e^{-\frac{(x-\mu)^2}{2\sigma^2}}$ とおくとき, 次の等式を示せ.

(1) $\displaystyle\int_{-\infty}^{\infty} f(x)\,dx=1$ $\qquad\qquad$ (2) $\displaystyle\int_{-\infty}^{\infty} xf(x)\,dx=\mu$

補　　章

A.1　媒介変数表示の関数

原点 O を中心とする半径 1 の円上の点を
P$(x,\ y)$ とし，線分 OP が x 軸の正の部分と
なす角を t とおくと，

$$x = \cos t, \quad y = \sin t \qquad \text{(A.1)}$$

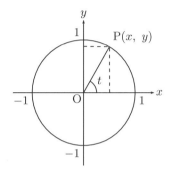

が成り立つ．(A.1) において，t に値を与えると，
$x,\ y$ の値が定まる．逆に，$-1 \leqq x \leqq 1$ を満たす
x をとるとき，t の範囲を $0 \leqq t \leqq \pi$ のように制
限すれば，(A.1) の第 1 式を満たす t の値が 1 つ定まり，第 2 式より y の値が
定まる．したがって，(A.1) は x の関数 y を与えているといってよい．

　一般に，$x,\ y$ が t を用いて

$$x = \varphi(t), \quad y = \psi(t) \quad (\alpha \leqq t \leqq \beta) \qquad \text{(A.2)}$$

ψ はギリシャ文字で
プサイ (psi) と読む

で与えられるとき，点 P$(x,\ y)$ は t が変化するにつれて，ある曲線をかく．こ
のとき，(A.2) をこの曲線の**媒介変数表示**といい，t を**媒介変数**という．

例 A.1　$x,\ y$ が正の定数 a, b を用いて

$$x = a \cos t, \quad y = b \sin t$$

で与えられるとき，$\cos t = \dfrac{x}{a}$, $\sin t = \dfrac{y}{b}$
より

$$\frac{x^2}{a^2} + \frac{y^2}{b^2} = 1$$

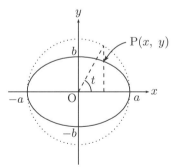

を得る．このグラフは，円 $x^2 + y^2 = a^2$
を x 軸をもとにして y 軸方向に $\dfrac{b}{a}$ 倍に拡大 (縮小) して得られる楕円を表す．

平面上で異なる 2 つの
定点 F, F′ からの距離
の和が一定である点の
軌跡を楕円という

問 A.1　次の媒介変数表示はどのような曲線を表すか．
(1) $x = t + 3$, $y = t^2 - 2t$
(2) $x = 2\cos t + 2$, $y = 2\sin t - 1$

$x = \varphi(t),\ y = \psi(t)$ で，$\dfrac{dx}{dt} = \varphi'(t) \neq 0$ とする．このとき，$x = \varphi(t)$ は単調に増加または減少するから，x の変化量 Δx に対する t の変化量 Δt は 0 ではない．Δt に対する y の変化量を Δy とすると

$$\frac{\Delta y}{\Delta x} = \frac{\dfrac{\Delta y}{\Delta t}}{\dfrac{\Delta x}{\Delta t}}$$

$\Delta x \to 0$ のとき $\Delta t \to 0$ だから，次の公式が得られる．

公式 A.1 ────────────────────────────

$x = \varphi(t),\ y = \psi(t)$ で，$\dfrac{dx}{dt} = \varphi'(t) \neq 0$ のとき

$$\frac{dy}{dx} = \frac{\dfrac{dy}{dt}}{\dfrac{dx}{dt}} = \frac{\psi'(t)}{\varphi'(t)}$$

──

例 A.2　(1)　$x = t^3 + 2t,\ y = 3t^2 - 1$ のとき

$$\frac{dy}{dx} = \frac{(3t^2 - 1)'}{(t^3 + 2t)'} = \frac{6t}{3t^2 + 2}$$

(2)　$x = a\cos t,\ y = a\sin t$ （a は正の定数）のとき

$$\frac{dy}{dx} = \frac{(a\sin t)'}{(a\cos t)'} = -\frac{a\cos t}{a\sin t} = -\frac{\cos t}{\sin t}$$

問 A.2　媒介変数 t で表示された次の関数について，$\dfrac{dy}{dx}$ を求めよ．

(1)　$x = t + 2,\ y = t^2 - 3t$ 　　　　　　　(2)　$x = t - \dfrac{1}{t},\ y = t + \dfrac{1}{t}$

A.2　逆三角関数

関数 $y = \sin x$ について，定義域を $\left[-\dfrac{\pi}{2},\ \dfrac{\pi}{2}\right]$ に制限すると，値域 $[-1,\ 1]$ 内の y の値に対して，$y = \sin x$ となる x がただ 1 つ定まる．よって，$f(x) = \sin x$ の逆関数 $f^{-1}(x)$ が存在する．これを**逆正弦関数**といい，$\sin^{-1} x$ または $\arcsin x$ と書く．$y = \sin x$ と $y = \arcsin x$ の間には次の関係が成り立つ．

以下 arcsin(アークサイン) の記法を用いる

$$x = \sin y \ \left(-\frac{\pi}{2} \leqq y \leqq \frac{\pi}{2}\right) \iff y = \arcsin x\ (-1 \leqq x \leqq 1) \qquad (\text{A.3})$$

関数 $y = \arcsin x$ の定義域は $-1 \leqq x \leqq 1$，値域は $-\dfrac{\pi}{2} \leqq y \leqq \dfrac{\pi}{2}$ である．

また，$y = \arcsin x$ と $y = \sin x \left(-\dfrac{\pi}{2} \leqq x \leqq \dfrac{\pi}{2} \right)$ のグラフは，直線 $y = x$ に関して対称である．

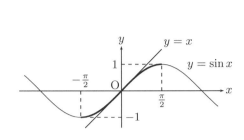
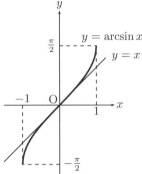

例 A.3　$\arcsin \dfrac{1}{2} = \dfrac{\pi}{6}, \quad \arcsin 1 = \dfrac{\pi}{2}, \quad \arcsin(-1) = -\dfrac{\pi}{2}$

問 A.3　次の値を求めよ．

(1) $\arcsin 0$　　　　　　　(2) $\arcsin \dfrac{1}{\sqrt{2}}$　　　　　　　(3) $\arcsin \left(-\dfrac{\sqrt{3}}{2} \right)$

関数 $y = \cos x$ は，定義域を $[0, \pi]$ に制限すると逆関数が存在する．これを**逆余弦関数**といい，$y = \cos^{-1} x$ または $y = \arccos x$ と書く．$y = \cos x$ と $y = \arccos x$ の間には次の関係が成り立つ．

（arccos x はアークコサインエックスと読む）

$$x = \cos y \ (0 \leqq y \leqq \pi) \iff y = \arccos x \ (-1 \leqq x \leqq 1) \tag{A.4}$$

関数 $y = \arccos x$ の定義域は $-1 \leqq x \leqq 1$，値域は $0 \leqq y \leqq \pi$ である．

また，$y = \arccos x$ と $y = \cos x \ (0 \leqq x \leqq \pi)$ のグラフは，直線 $y = x$ に関して対称である．

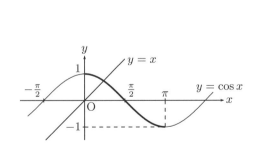
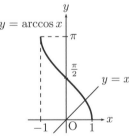

関数 $y = \tan x$ は，定義域を $\left(-\dfrac{\pi}{2}, \dfrac{\pi}{2} \right)$ に制限すると逆関数が存在する．これを**逆正接関数**といい，$y = \tan^{-1} x$ または $\arctan x$ と書く．$y = \tan x$ と $y = \arctan x$ の間には次の関係が成り立つ．

（arctan x はアークタンジェントエックスと読む）

$$x = \tan y \left(-\dfrac{\pi}{2} < y < \dfrac{\pi}{2} \right) \iff y = \arctan x \tag{A.5}$$

関数 $y = \arctan x$ の定義域は実数全体，値域は $-\dfrac{\pi}{2} < y < \dfrac{\pi}{2}$ である．

また, $y = \arctan x$ と $y = \tan x$ $\left(-\dfrac{\pi}{2} < x < \dfrac{\pi}{2}\right)$ のグラフは, 直線 $y = x$ に関して対称である.

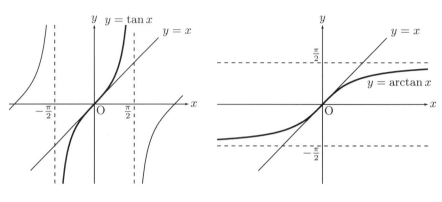

問 A.4　次の値を求めよ.

(1) $\arccos 1$　　　(2) $\arccos \dfrac{1}{2}$　　　(3) $\arctan(-1)$　　　(4) $\arctan \sqrt{3}$

一般に, 微分可能な関数 $f(x)$ の逆関数 $f^{-1}(x)$ の導関数は, 30 ページと同様な方法で求められる. すなわち, $y = f^{-1}(x)$, $\eta = f^{-1}(\xi)$ とおくと, $x = f(y)$, $\xi = f(\eta)$ となるから

$$
\begin{aligned}
\left(f^{-1}(x)\right)' &= \lim_{\xi \to x} \frac{f^{-1}(\xi) - f^{-1}(x)}{\xi - x} = \lim_{\xi \to x} \frac{\eta - y}{\xi - x} \\
&= \lim_{\xi \to x} \frac{\eta - y}{f(\eta) - f(y)} = \lim_{\eta \to y} \frac{1}{\dfrac{f(\eta) - f(y)}{\eta - y}} = \frac{1}{f'(y)}
\end{aligned}
$$

したがって, 次の公式が得られる.

公式 A.2

$f(x)$ が微分可能のとき, その逆関数 $y = f^{-1}(x)$ は, $f'(y) \neq 0$ である点において微分可能で

$$
\left(f^{-1}(x)\right)' = \frac{1}{f'(y)} \quad \text{または} \quad \frac{dy}{dx} = \frac{1}{\dfrac{dx}{dy}}
$$

$\arcsin x$, $\arccos x$, $\arctan x$ をまとめて**逆三角関数**という. 公式 A.2 を用いれば, 逆三角関数の導関数が求められる. 例えば

$$
(\arcsin x)' = \frac{1}{(\sin y)'} = \frac{1}{\cos y}
$$

$-\dfrac{\pi}{2} < y < \dfrac{\pi}{2}$ のとき, $\cos y > 0$ となるから

$$(\arcsin x)' = \frac{1}{\cos y} = \frac{1}{\sqrt{1 - \sin^2 y}} = \frac{1}{\sqrt{1 - x^2}}$$

$\arccos x$, $\arctan x$ についても同様にして，次の公式が得られる．

公式 **A.3** ────────────────────

(1) $(\arcsin x)' = \dfrac{1}{\sqrt{1 - x^2}}$ $\qquad (-1 < x < 1)$

(2) $(\arccos x)' = -\dfrac{1}{\sqrt{1 - x^2}}$ $\qquad (-1 < x < 1)$

(3) $(\arctan x)' = \dfrac{1}{1 + x^2}$

問 **A.5** 次の関数を微分せよ．

(1) $y = \arcsin(x - 1)$ (2) $y = \arccos(2x - 1)$ (3) $y = \arctan 2x$

問 **A.6** a を定数とするとき，次の公式を示せ．

(1) $\left(\arcsin \dfrac{x}{a}\right)' = \dfrac{1}{\sqrt{a^2 - x^2}}$ $\qquad (a > 0)$

(2) $\left(\dfrac{1}{a} \arctan \dfrac{x}{a}\right)' = \dfrac{1}{x^2 + a^2}$ $\qquad (a \neq 0)$

問 A.6 より，次の不定積分の公式が得られる．

公式 **A.4** ────────────────────

(1) $\displaystyle\int \frac{dx}{\sqrt{a^2 - x^2}} = \arcsin \frac{x}{a} + C$ $\qquad (a > 0)$

(2) $\displaystyle\int \frac{dx}{x^2 + a^2} = \frac{1}{a} \arctan \frac{x}{a} + C$ $\qquad (a \neq 0)$

問 **A.7** 次の不定積分を求めよ．

(1) $\displaystyle\int \frac{dx}{\sqrt{4 - x^2}}$ $\qquad\qquad$ (2) $\displaystyle\int \frac{dx}{x^2 + 2}$

［例題 **A.1**］
次の公式を示せ．

$$\int \sqrt{a^2 - x^2}\, dx = \frac{1}{2}\left(x\sqrt{a^2 - x^2} + a^2 \arcsin \frac{x}{a}\right) + C \qquad (a > 0)$$

[解]　$I = \displaystyle\int \sqrt{a^2 - x^2}\, dx$ とおき，部分積分法を用いる．ただし，途中の計算では積分定数を省略する．

$$
\begin{aligned}
I &= \int \sqrt{a^2 - x^2}\, dx \\
&= x\sqrt{a^2 - x^2} - \int x \cdot \frac{-x}{\sqrt{a^2 - x^2}}\, dx \\
&= x\sqrt{a^2 - x^2} - \int \frac{-x^2}{\sqrt{a^2 - x^2}}\, dx \\
&= x\sqrt{a^2 - x^2} - \int \frac{(a^2 - x^2) - a^2}{\sqrt{a^2 - x^2}}\, dx \\
&= x\sqrt{a^2 - x^2} - \int \left(\sqrt{a^2 - x^2} - \frac{a^2}{\sqrt{a^2 - x^2}} \right) dx \\
&= x\sqrt{a^2 - x^2} - \int \sqrt{a^2 - x^2}\, dx + a^2 \int \frac{dx}{\sqrt{a^2 - x^2}} \\
&= x\sqrt{a^2 - x^2} - I + a^2 \arcsin \frac{x}{a}
\end{aligned}
$$

右辺の I を移項して
$$
2I = x\sqrt{a^2 - x^2} + a^2 \arcsin \frac{x}{a}
$$
これから公式が得られる．　　　　　　　　　　　　　　　　　　　　　　　　　□

問 A.8　次の不定積分を求めよ．

(1) $\displaystyle\int \arcsin x\, dx$　　　　　　　　　　　　　　(2) $\displaystyle\int \arctan x\, dx$

[例題 A.2]

定積分 $\displaystyle\int_0^{\frac{1}{2}} x \arcsin x\, dx$ の値を求めよ．

[解]
$$
\begin{aligned}
\int_0^{\frac{1}{2}} x \arcsin x\, dx &= \left[\frac{1}{2} x^2 \arcsin x \right]_0^{\frac{1}{2}} - \frac{1}{2} \int_0^{\frac{1}{2}} \frac{x^2}{\sqrt{1 - x^2}}\, dx \quad \left[\arcsin \frac{1}{2} = \frac{\pi}{6} \text{ より} \right] \\
&= \frac{\pi}{48} - \frac{1}{2} \int_0^{\frac{1}{2}} \frac{-(1 - x^2) + 1}{\sqrt{1 - x^2}}\, dx \\
&= \frac{\pi}{48} - \frac{1}{2} \int_0^{\frac{1}{2}} \left(-\sqrt{1 - x^2} + \frac{1}{\sqrt{1 - x^2}} \right) dx \quad \text{[例題 A.1 より]} \\
&= \frac{\pi}{48} - \frac{1}{2} \left[-\frac{1}{2} \left(x\sqrt{1 - x^2} + \arcsin x \right) + \arcsin x \right]_0^{\frac{1}{2}} \\
&= \frac{\sqrt{3}}{16} - \frac{\pi}{48} \hspace{8cm} □
\end{aligned}
$$

問 A.9　定積分 $\displaystyle\int_0^1 x \arctan x\, dx$ の値を求めよ．

演習問題解答

1 章

問 1.1 (1) 定義域は実数全体, 値域は $y \geqq 2$　　(2) 定義域は $x \geqq 0$, 値域は $y \geqq 2$

(3) 定義域は $x \geqq 0$, 値域は $y \leqq 1$

問 1.2 (1) -1　　(2) $a^2 - 4a + 2$　　(3) $a - 1$

問 1.3 (1) $y = \dfrac{1}{x}$ のグラフを y 方向に 1 平行移動したもので, 漸近線は直線 $x = 0$ と直線 $y = 1$

(2) $y = \dfrac{1}{x}$ のグラフを x 方向に 2 平行移動したもので, 漸近線は直線 $x = 2$ と直線 $y = 0$

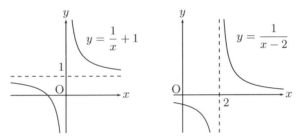

問 1.4 (1) $\dfrac{\pi}{3}$　　(2) $\dfrac{2\pi}{3}$　　(3) $-\pi$　　(4) $45°$　　(5) $18°$　　(6) $\dfrac{180°}{\pi}$

問 1.5 (1) $\sin \dfrac{\pi}{4} = \dfrac{1}{\sqrt{2}}$, $\cos \dfrac{\pi}{4} = \dfrac{1}{\sqrt{2}}$, $\tan \dfrac{\pi}{4} = 1$　　(2) $\sin \dfrac{\pi}{2} = 1$, $\cos \dfrac{\pi}{2} = 0$, $\tan \dfrac{\pi}{2}$ は定義できない

(3) $\sin \dfrac{2\pi}{3} = \dfrac{\sqrt{3}}{2}$, $\cos \dfrac{2\pi}{3} = -\dfrac{1}{2}$, $\tan \dfrac{2\pi}{3} = -\sqrt{3}$　　(4) $\sin \pi = 0$, $\cos \pi = -1$, $\tan \pi = 0$

(5) $\sin \dfrac{7\pi}{6} = -\dfrac{1}{2}$, $\cos \dfrac{7\pi}{6} = -\dfrac{\sqrt{3}}{2}$, $\tan \dfrac{7\pi}{6} = \dfrac{1}{\sqrt{3}}$

(6) $\sin \left(-\dfrac{\pi}{2}\right) = -1$, $\cos \left(-\dfrac{\pi}{2}\right) = 0$, $\tan \left(-\dfrac{\pi}{2}\right)$ は定義できない

問 1.6 $\cos^2 \theta = \dfrac{1}{5}$,　$\sin^2 \theta = \dfrac{4}{5}$

問 1.7 $\dfrac{\sqrt{6} - \sqrt{2}}{4}$

問 1.8 $\sin \left(\theta + \dfrac{\pi}{2}\right) = \sin \theta \cos \dfrac{\pi}{2} + \cos \theta \sin \dfrac{\pi}{2} = \sin \theta \cdot 0 + \cos \theta \cdot 1 = \cos \theta$

$\cos \left(\theta + \dfrac{\pi}{2}\right) = \cos \theta \cos \dfrac{\pi}{2} - \sin \theta \sin \dfrac{\pi}{2} = \cos \theta \cdot 0 - \sin \theta \cdot 1 = -\sin \theta$

問 1.9 (1) $\dfrac{1}{2}(\sin 5\theta - \sin \theta)$　　(2) $\dfrac{1}{2}(\cos 6\theta + \cos 4\theta)$　　(3) $-\dfrac{1}{2}(\cos 7\theta - \cos \theta)$

問 1.10 (1) $2 \sin 2\theta \cos \theta$　　(2) $2 \cos 3\theta \sin \theta$　　(3) $-2 \sin 4\theta \sin \theta$

問 **1.11**　(1)　1　　(2)　$\dfrac{1}{8}$　　(3)　9　　(4)　1

問 **1.12**　(1)　2　　(2)　27　　(3)　$\sqrt[3]{4}$　　(4)　$\dfrac{1}{2\sqrt{2}}$

問 **1.13**　(1)　3　　(2)　$\sqrt{5}$　　(3)　9　　(4)　1

問 **1.14**　$\dfrac{1}{a} = a^{-1} = a^x$ より $x = -1$,　$\dfrac{1}{a^2} = a^{-2} = a^x$ より $x = -2$.

問 **1.15**　(1)　3　　(2)　-1　　(3)　-4　　(4)　$\dfrac{3}{2}$　　(5)　$-\dfrac{1}{3}$　　(6)　$\dfrac{2}{3}$

問 **1.16**　(1)　2　　(2)　3

問 **1.17**　(1)　$\dfrac{3}{2}$　　(2)　$\dfrac{5}{4}$　　(3)　$-\dfrac{3}{2}$

問 **1.18**　(1)　36　　(2)　$\dfrac{1}{7}$

問 **1.19**　(1)　0.9030　　(2)　-0.1761　　(3)　0.6990

問 **1.20**　(1)　$y = \sqrt{x-1}$　　　　　　　　　　(2)　$y = \log_2 x - 1$

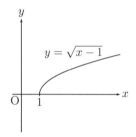

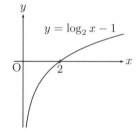

問 **1.21**　(1)　$\dfrac{1}{2}$　　(2)　2

章末問題 1

1.1　$\cos\theta = \dfrac{2\sqrt{2}}{3}$,　$\sin 2\theta = \dfrac{4\sqrt{2}}{9}$,　$\cos 2\theta = \dfrac{7}{9}$,　$\sin^2\dfrac{\theta}{2} = \dfrac{3-2\sqrt{2}}{6}$,　$\cos^2\dfrac{\theta}{2} = \dfrac{3+2\sqrt{2}}{6}$

1.2　(1)　$\sin\dfrac{5\pi}{12} = \sin\left(\dfrac{\pi}{4} + \dfrac{\pi}{6}\right)$ として加法定理を用いよ.　$\dfrac{\sqrt{6}+\sqrt{2}}{4}$　　(2)　$\dfrac{\sqrt{6}-\sqrt{2}}{4}$

　　(3)　$\sin^2\dfrac{\pi}{8} = \dfrac{1}{2}\left(1 - \cos\dfrac{\pi}{4}\right) = \dfrac{1}{2}\left(1 - \dfrac{\sqrt{2}}{2}\right) = \dfrac{2-\sqrt{2}}{4}$　　$\sin\dfrac{\pi}{8} > 0$ より $\sin\dfrac{\pi}{8} = \dfrac{\sqrt{2-\sqrt{2}}}{2}$

　　(4)　$\cos\dfrac{\pi}{8} = \dfrac{\sqrt{2+\sqrt{2}}}{2}$

1.3　(1)　$x = \dfrac{\pi}{3},\ \dfrac{2\pi}{3}$　　(2)　$x = \dfrac{3\pi}{4},\ \dfrac{5\pi}{4}$　　(3)　$x = -\dfrac{7\pi}{2},\ -\dfrac{3\pi}{2},\ \dfrac{\pi}{2},\ \dfrac{5\pi}{2}$

　　(4)　$x = -\dfrac{5\pi}{4},\ -\dfrac{\pi}{4},\ \dfrac{3\pi}{4},\ \dfrac{7\pi}{4}$

1.4　(1)　2　　(2)　-2

1.5　(1)　$2a+b$　　(2)　$\dfrac{1-a+b}{2}$　　(3)　$\dfrac{a+b}{1-a}$

1.6　(1)　$\log_{10} 120 = a + b + 1$　　(2)　$\log_{12} 27 = \dfrac{3b-3a}{a+b}$

1.7 (1) $\dfrac{3}{2}$ (2) $-\dfrac{5}{11}$ (3) $\dfrac{1}{16}$ (4) 3

1.8 (1) 27   (2) 12   (3) $\dfrac{3}{4}$

1.9 (1)   (2)   (3) $\dfrac{2^x}{2} = 2^{x-1}$

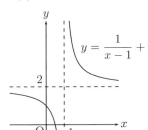 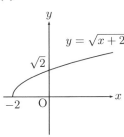 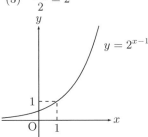

1.10 (1) 周期 2π (2) 周期 π (3) 周期 6π (4) 周期 2π

(1)   (2)

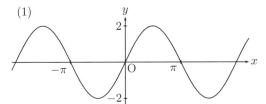

(3)   (4)

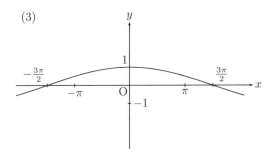

1.11 (1) $\sin(\theta + 2\theta)$ に加法定理を用いる.   (2) $\cos(\theta + 2\theta)$ に加法定理を用いる.

1.12 (1) $\log_{10} 2 = 0.3$ より $10^{0.3} = 2$ (2) $\log_{10} 3 = 0.48$ より $10^{0.48} = 3$
        (3) $0.3 + 0.48 = \log_{10} 2 + \log_{10} 3 = \log_{10}(2 \cdot 3) = \log_{10} 6$ より $10^{0.78} = 6$

1.13 (1) a^3 (2) a^2 (3) $a^{\frac{1}{2}}$

1.14 $2^x = t$ とおき, $t^2 - 2yt - 1 = 0$ を解けばよい. $y = \log_2\left(x + \sqrt{x^2 + 1}\right)$

1.15 (1) 1   (2) -1 (3) 存在しない

2 章

問 2.1 (1) $\displaystyle\lim_{x \to a} \frac{x^3 - a^3}{x - a} = \lim_{x \to a} \frac{(x-a)(x^2 + xa + a^2)}{x - a} = \lim_{x \to a}(x^2 + xa + a^2) = 3a^2$ $\therefore f'(a) = 3a^2$
        (2) $y = 12x - 16$

問 2.2 (1) $y' = 4x^3 - 6x^2 + 6x$ (2) $y' = 10x^9 - 16x^7 + 24x^5$ (3) $y' = \dfrac{2}{3}x + \dfrac{2}{5}$ (4) $y' = x^2 + 4x$

問 **2.3**　$\displaystyle \lim_{\xi \to x} \frac{\dfrac{1}{\xi} - \dfrac{1}{x}}{\xi - x} = \lim_{\xi \to x} \frac{\dfrac{x - \xi}{\xi x}}{\xi - x} = \lim_{\xi \to x} \left(\frac{-1}{\xi x} \right) = -\frac{1}{x^2}$

問 **2.4**　(1)　$y' = \dfrac{2}{3\sqrt[3]{x}}$　　(2)　$y' = \dfrac{3\sqrt{x}}{2}$　　(3)　$y' = -\dfrac{1}{3\sqrt[3]{x^4}}$

問 **2.5**　(1)　$y' = 4x^3 - 3x^2 + 2x - 1$　　(2)　$y' = \dfrac{1}{(x+1)^2}$　　(3)　$y' = \dfrac{-2x-1}{(x^2+x+1)^2}$

問 **2.6**　積の微分法 (23 ページの公式 2.2(1)) を繰り返し用いよ.

問 **2.7**　(1)　$\dfrac{1}{3}$　　(2)　5　　(3)　1

問 **2.8**　(1)　$y' = 2\sin x \cos x$　　(2)　$y' = -\dfrac{1}{\sin^2 x}$

問 **2.9**　例題 2.2 と同様にすればよい.

問 **2.10**　(1)　$y' = 2\cos 2x$　　(2)　$y' = -3\sin(3x+1)$
　　　　　　(3)　$y' = (\sin 2x)' \cos 3x + \sin 2x (\cos 3x)' = 2\cos 2x \cos 3x - 3\sin 2x \sin 3x$

問 **2.11**　(1)　$y' = -4(-x+1)^3$　　(2)　$y' = -\dfrac{6}{(2x+5)^4}$　　(3)　$y' = -\dfrac{1}{2\sqrt{(x-2)^3}}$

問 **2.12**　(1)　$y' = e^x + x\,e^x$　　(2)　$y' = e^x \cos x - e^x \sin x$　　(3)　$y' = \dfrac{(e^x)'x - e^x(x)'}{x^2} = \dfrac{x\,e^x - e^x}{x^2}$

問 **2.13**　(1)　$y' = 2e^{2x}$　　(2)　$y' = \dfrac{e^x - e^{-x}}{2}$　　(3)　$y' = 3e^{3x} \sin 2x + 2e^{3x} \cos 2x$

問 **2.14**　(1)　$y' = (x)' \log x + x(\log x)' - 1 = \log x + x \cdot \dfrac{1}{x} - 1 = \log x$

　　　　　　(2)　$y' = (\log x)' \log x + \log x (\log x)' = \dfrac{1}{x} \log x + \log x \dfrac{1}{x} = \dfrac{2\log x}{x}$

問 **2.15**　(1)　$y' = \dfrac{3}{3x+2}$　　(2)　$y' = \dfrac{2}{2x+1} - \dfrac{1}{x+1}$

問 **2.16**　(1)　$y = f(u) = u^5$ と $u = \varphi(x) = x^2 + 2x + 3$ の合成関数
　　　　　　(2)　$y = f(u) = e^u$ と $u = \varphi(x) = x^2 + 1$ の合成関数
　　　　　　(3)　$y = f(u) = \log u$ と $u = \varphi(x) = \sin x$ の合成関数

問 **2.17**　(1)　$y' = 10(x+1)(x^2+2x+3)^4$　　(2)　$y' = 2x\,e^{x^2+1}$　　(3)　$y' = \dfrac{\cos x}{\sin x}$

問 **2.18**　(1)　$y'' = -9\sin(3x+1)$　　(2)　$y'' = -2e^{-x^2} + 4x^2 e^{-x^2}$　　(3)　$y'' = \dfrac{2-2x^2}{(x^2+1)^2}$

問 **2.19**　速度 $v(t) = A\omega \cos \omega t$,　加速度 $a(t) = -A\omega^2 \sin \omega t$

問 **2.20**　速度 $v(t) = \dfrac{dy}{dt} = -k y_0 e^{-kt}$,　加速度 $a(t) = \dfrac{dv}{dt} = k^2 y_0 e^{-kt}$

問 **2.21**　(1)　$\dfrac{3}{5}$　　(2)　$\dfrac{1}{2}$　　(3)　$\dfrac{3}{2}$

問 **2.22**　(1)　$\dfrac{1}{2}$　　(2)　$-\dfrac{1}{6}$

問 **2.23**　(1)　0　　(2)　0　　(3)　2

問 2.24 (1) $x = -2$ で極大値 25, $x = 1$ で極小値 -2 をとる.

(2) $x = 2$ で極小値 -16 をとる.

問 2.25 (1) $x = 1$ で極小値 2 をとる. (2) $x = 0$ で極小値 1, $x = 1$ で極大値 $\dfrac{3}{e}$ をとる.

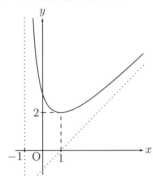 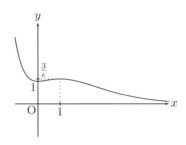

章末問題 2

2.1 (1) $y' = 5x^4 + 4x^3 - 3x^2 + 1$ (2) $y' = \dfrac{1}{(x-1)^2}$ (3) $y' = \dfrac{-x^2 - 6x + 1}{(x^2+1)^2}$

(4) $y' = 8(2x+3)^3$ (5) $y' = \dfrac{-6}{(3x+4)^3}$ (6) $y' = \dfrac{1}{\sqrt{2x+1}}$

(7) $y' = \dfrac{-1}{(2x+1)\sqrt{2x+1}}$ (8) $y' = \dfrac{2}{\cos^2\left(2x + \frac{\pi}{3}\right)}$ (9) $y' = -2e^{-2x+1}$

2.2 (1) $y' = e^x \log x + \dfrac{e^x}{x}$ (2) $y' = -2e^{-2x}\cos 3x - 3e^{-2x}\sin 3x$

(3) $y' = -\dfrac{1}{3}x^{-\frac{2}{3}}e^{-\sqrt[3]{x}}$ (4) $y' = e^{\sin x}\cos x$ (5) $y' = -\dfrac{2e^x}{(e^x-1)^2}$

(6) $y' = \dfrac{1 - \log x}{x^2}$ (7) $y' = -3\cos^2 x \sin x$ (8) $y' = \dfrac{2\tan x}{\cos^2 x}$ (9) $y' = \dfrac{2\log x}{x}$

2.3 (1) $y' = \dfrac{1}{x \log x}$ (2) $y' = -\dfrac{\sin x}{\cos x}$ (3) $y' = \dfrac{x - (1+x)\log(1+x)}{x^2(1+x)}$

(4) $y' = \dfrac{1}{\sqrt{(x-1)(x+1)^3}}$ (5) $y' = \dfrac{2\sqrt{x}+1}{4\sqrt{x}\sqrt{x+\sqrt{x}}}$ (6) $y' = \dfrac{1-x}{2\sqrt{x}(x+1)^2}$

2.4 (1) $y'' = \dfrac{2\sin x}{\cos^3 x}$ (2) $y'' = 2e^{x^2} + 4x^2 e^{x^2}$ (3) $y'' = -\dfrac{1}{x^2}$

2.5 (1) 2 (2) $\dfrac{1}{2}$ (3) $-\dfrac{1}{\pi}$

2.6 (1) $x = -1$ で極大値 7, $x = 3$ で極小値 -25 をとる.

(2) $x = -1$ で極小値 -14, $x = 1$ で極大値 18, $x = 2$ で極小値 13 をとる.

2.7 (1) $x = -1$ で極大値 $\dfrac{5}{e}$, $x = 2$ で極小値 $-e^2$ をとる.

(2) $x = \dfrac{\pi}{6}$ で極大値 $\dfrac{\pi}{6} + \sqrt{3}$, $x = \dfrac{5\pi}{6}$ で極小値 $\dfrac{5\pi}{6} - \sqrt{3}$ をとる.

(3) $x = \dfrac{\pi}{2}, \dfrac{3\pi}{2}$ で極大値 1, $x = 0, \pi, 2\pi$ で極小値 0 をとる.

(4) $x = 1$ で極小値 3 をとる.

(1)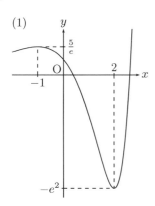

(2)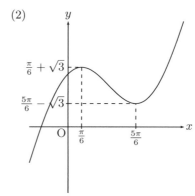

(3)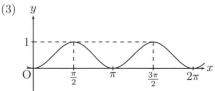

(4)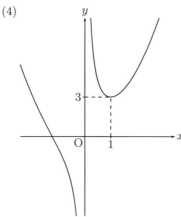

2.8 (1) 商の微分公式より, $\left(\dfrac{1-\cos x}{1+\cos x}\right)' = \dfrac{2\sin x}{(1+\cos x)^2}$ となることを用いよ.

(2) (1) と同様にせよ.

(3) $\log\left|\dfrac{x-a}{x+a}\right| = \log|x-a| - \log|x+a|$ と変形せよ.

(4) $\left(\log|x+\sqrt{x^2+a}|\right)' = \dfrac{1+\dfrac{x}{\sqrt{x^2+a}}}{x+\sqrt{x^2+a}} = \dfrac{1}{\sqrt{x^2+a}}$

2.9 $e^x - 1 = t$ とおくと, $x = \log(t+1)$ である. また, $x \to 0$ のとき, $t \to 0$ である.

$1 = \lim\limits_{x \to 0}\dfrac{e^x-1}{x} = \lim\limits_{t \to 0}\dfrac{t}{\log(t+1)}$ 　両辺の逆数をとって 　$\lim\limits_{t \to 0}\dfrac{\log(t+1)}{t} = 1$

後半は両辺の指数関数を計算すればよい.

3 章

問 **3.1** (1) $\dfrac{1}{2}x^2 + C$ 　　(2) $\dfrac{1}{3}x^3 + C$ 　　(3) $\sin x + C$

問 **3.2** (1) $-\dfrac{1}{2x^2} + C$ 　　(2) $\dfrac{2}{3}x\sqrt{x} + C$ 　　(3) $\dfrac{2}{5}x^2\sqrt{x} + C$ 　　(4) $-\dfrac{2}{\sqrt{x}} + C$

問 **3.3** 問 2.8 (2) の結果を用いよ.

問 **3.4** (1) $\dfrac{3}{2}x^2 - 2x + C$ 　　(2) $\dfrac{1}{3}x^3 - 2x^2 + 4x + C$

問 **3.5** (1) $-\cos x + 2\sin x + C$ 　　(2) $e^x + \log|x| + C$

問 **3.6**　(1)　$\dfrac{2}{5}x^2\sqrt{x} + \dfrac{2}{3}x\sqrt{x} + C$　　(2)　$\dfrac{2}{3}x\sqrt{x} + 2\sqrt{x} + C$　　(3)　$x - 2\log|x| - \dfrac{1}{x} + C$
　　　　(4)　$\tan x + \sin x + C$

問 **3.7**　(1)　$-e^{-x} + C$　　(2)　$-\dfrac{1}{2}\cos 2x + C$　　(3)　$\dfrac{1}{5}(x+1)^5 + C$　　(4)　$\dfrac{1}{5}\log|5x+2| + C$

問 **3.8**　(1)　$\varDelta x_k = \dfrac{b-a}{n}$

　　　　(2)　$\displaystyle\int_a^b c\,dx = \lim_{n\to\infty}\sum_{k=1}^n f(\xi_k)\varDelta x_k = \lim_{n\to\infty}\sum_{k=1}^n c\cdot\dfrac{b-a}{n} = \lim_{n\to\infty}c\cdot\dfrac{b-a}{n}\cdot n = c\,(b-a)$

問 **3.9**　$\displaystyle\int_0^1 (2x+3)\,dx = 2\int_0^1 x\,dx + \int_0^1 3\,dx = 2\cdot\dfrac{1}{2} + 3\cdot(1-0) = 4$

問 **3.10**　(1)　$e-1$　　(2)　$\dfrac{e^2+1}{2}$　　(3)　$\sqrt{3}$

問 **3.11**　(1)　$\dfrac{1}{12}(2x-1)^6 + C$　　(2)　$\left[\dfrac{1}{12}(2x-1)^6\right]_{\frac{1}{2}}^1 = \dfrac{1}{12}(1^6 - 0^6) = \dfrac{1}{12}$

問 **3.12**　(1)　$x^3 - 2 = t$ とおく．$\dfrac{1}{15}(x^3-2)^5 + C$　　(2)　$\cos x = t$ とおく．$-\dfrac{1}{3}\cos^3 x + C$

　　　　(3)　$e^x + 1 = t$ とおく．$\log(e^x + 1) + C$　　(4)　$\log x = t$ とおく．$\dfrac{1}{2}(\log x)^2 + C$

問 **3.13**　$\cos x = t$ とおくと，$\sin x\,dx = -dt$ である．置換積分法を適用すれば，公式が得られる．

問 **3.14**　(1)　$x - 1 = t$ とおく．$\dfrac{1}{6}(x-1)^6 + \dfrac{1}{5}(x-1)^5 + C$

　　　　(2)　$x + 2 = t$ とおく．$\log|x+2| + \dfrac{2}{x+2} + C$

　　　　(3)　$1 - x = t$ とおく．$\dfrac{2}{3}(1-x)\sqrt{1-x} - 2\sqrt{1-x} + C$

問 **3.15**　(1)　$x^2 + 1 = t$ とおく．与式 $= \dfrac{1}{2}\displaystyle\int_1^2 t^3\,dt = $ 計算 $= \dfrac{15}{8}$

　　　　(2)　$\log x = t$ とおく．与式 $= \displaystyle\int_0^1 t^2\,dt = $ 計算 $= \dfrac{1}{3}$

　　　　(3)　$\sin x + 1 = t$ とおく．与式 $= \displaystyle\int_1^2 \dfrac{1}{\sqrt{t}}\,dt = $ 計算 $= 2\sqrt{2} - 2$

問 **3.16**　(1)　$x\sin x + \cos x + C$　　(2)　$x\,e^x - e^x + C$　　(3)　$\dfrac{1}{3}x^3\log x - \dfrac{1}{9}x^3 + C$

問 **3.17**　(1)　$x^2\sin x + 2x\cos x - 2\sin x + C$　　(2)　$-(x^3 + 3x^2 + 6x + 6)e^{-x} + C$

　　　　(3)　$\dfrac{1}{2}x^2(\log x)^2 - \dfrac{1}{2}x^2\log x + \dfrac{1}{4}x^2 + C$

問 **3.18**　$\dfrac{e^{3x}}{25}\big(3\cos 4x + 4\sin 4x\big)$

問 **3.19**　(1)　1　　(2)　$-\dfrac{1}{2}$　　(3)　$2 - \dfrac{5}{e}$

問 **3.20**　(1)　$\displaystyle\int_0^\pi \sin x\,dx = $ 計算 $= 2$

　　　　(2)　区間 $[1, 2]$ において $\dfrac{1}{x} \geqq \dfrac{1}{x^2}$ である．$\displaystyle\int_1^2 \left(\dfrac{1}{x} - \dfrac{1}{x^2}\right)dx = $ 計算 $= \log 2 - \dfrac{1}{2}$

(3)　積分区間を $\left[\dfrac{1}{e},\,1\right]$ と $[1,\,e]$ に分けよ.　$\displaystyle\int_{\frac{1}{e}}^{1}(-\log x)\,dx+\int_{1}^{e}\log x\,dx=$ 計算 $=2-\dfrac{2}{e}$

問 3.21　(1)　$-\dfrac{1}{\lambda(1+\lambda t)}+C$　　(2)　$x(t)=\dfrac{1}{1+\lambda t}$

問 3.22　1

問 3.23　$-\log|x+1|+4\log|x+5|+C$

問 3.24　$\dfrac{1}{4}\big(\log|x-2|-\log|x+2|\big)+C$

問 3.25　(1)　$a=b=1,\ c=-1$　　(2)　$\log|x|-\dfrac{1}{x}-\log|x+1|+C$

問 3.26　(1)　$\dfrac{1}{16}(4\sin 2x+\sin 8x)+C$　　(2)　$\dfrac{1}{32}(12x+8\sin 2x+\sin 4x)+C$

(3)　$\dfrac{1}{12}(\cos 3x-9\cos x)+C$　　(4)　$\dfrac{1}{2}\sec^2 x+\log|\cos x|+C$

問 3.27　(1)　$\dfrac{1}{2}\log\left|2\tan\dfrac{x}{2}+1\right|+C$　　(2)　$\log\left(1+\tan^2\dfrac{x}{2}\right)+\tan\dfrac{x}{2}+C$

問 3.28　(1)　$\sin x=t$ とおくと $\displaystyle\int\dfrac{\cos x}{1-\sin^2 x}\,dx=\dfrac{1}{2}\int\left(\dfrac{1}{1-t}+\dfrac{1}{1+t}\right)dt=\dfrac{1}{2}\log\left(\dfrac{1+\sin x}{1-\sin x}\right)+C$

(2)　$\displaystyle\int\dfrac{dx}{\cos x}=\int\dfrac{2}{1-t^2}dt=\int\left(\dfrac{1}{1+t}+\dfrac{1}{1-t}\right)dt=\log\left|\dfrac{1+\tan\dfrac{x}{2}}{1-\tan\dfrac{x}{2}}\right|+C$

章末問題 3

3.1　(1)　$-\dfrac{1}{4x^4}+C$　　(2)　$\dfrac{3}{7}x^2\sqrt[3]{x}+C$　　(3)　$\dfrac{1}{2}x^2-\dfrac{4}{3}x\sqrt{x}+x+C$　　(4)　$-\cot x-x+C$

(5)　$\dfrac{2}{9}\sqrt{(3x-1)^3}+C$　　(6)　$\sqrt{2x+1}+C$　　(7)　$-\dfrac{1}{3(x+2)^3}+C$　　(8)　$\dfrac{1}{2}e^{2x+3}+C$

3.2　(1)　$-\dfrac{1}{2\sin^2 x}+C$　　(2)　$-\dfrac{2}{5}\sqrt{(1+\cos x)^5}+C$　　(3)　$\dfrac{1}{2}\log(x^2+2x+2)+C$

(4)　$\dfrac{1}{4}(e^x-2)^4+C$　　(5)　$\dfrac{(x+2)^4(x-3)}{5}+C$　　(6)　$\dfrac{2}{3}\sqrt{x+1}(5-x)+C$

(7)　$\log|\log x|+C$　　(8)　$\tan x-2\log|\cos x|+C$　　(9)　$\dfrac{1}{2}e^{x^2+2x+4}+C$

3.3　(1)　$\dfrac{1}{2}x^2\log x-\dfrac{1}{4}x^2+C$　　(2)　$-xe^{-x}-e^{-x}+C$　　(3)　$\dfrac{-2x\cos 2x+\sin 2x}{4}+C$

(4)　$(x^2-2x+2)e^x+C$　　(5)　$(\log x)^2 x-2x\log x+2x+C$

3.4　(1)　-2　　(2)　$\dfrac{1}{3}(3\sqrt{3}-1)$　　(3)　$\dfrac{\sqrt{3}}{2}$　　(4)　$\dfrac{1}{2}\left(e-\dfrac{1}{e}\right)$　　(5)　$\dfrac{1}{2}\log 3$　　(6)　$\dfrac{1}{2}\log 2$

(7)　$\dfrac{1}{2}\log\dfrac{13}{4}$　　(8)　$\dfrac{2}{5}(4\sqrt{2}-1)$　　(9)　$\dfrac{1}{4}$　　(10)　$-\dfrac{4}{5}$　　(11)　$\dfrac{8\sqrt{2}-10}{3}$

3.5　(1)　$\dfrac{e^2+1}{4}$　　(2)　$1-\dfrac{3}{e^2}$　　(3)　$\dfrac{\pi}{4}$　　(4)　$e-2$　　(5)　1　　(6)　$2e^2-e$

3.6　(1)　$y=\dfrac{x}{e}$

(2)　求める図形の面積を S とおくと $S=\displaystyle\int_0^1\dfrac{x}{e}\,dx+\int_1^e\left(\dfrac{x}{e}-\log x\right)dx=$ 計算 $=\dfrac{e}{2}-1$

3.7 $\dfrac{1}{2}$　　**3.8** $\dfrac{\pi}{4}$　　**3.9** $\dfrac{3}{2}$

4 章

問 **4.1**　(1)　$1+x$　　(2)　x　　(3)　x

問 **4.2**　(1)　$1+x+\dfrac{1}{2}x^2$　　(2)　$1-\dfrac{1}{2}x^2$　　(3)　$x-\dfrac{1}{2}x^2$

問 **4.3**　(1)　$1-x+\dfrac{1}{2}x^2-\dfrac{1}{6}x^3$　　(2)　$1+x+x^2+x^3+x^4$

問 **4.4**　2.71666

問 **4.5**　(1)　1　　(2)　-1　　(3)　$4ei$

章末問題 4

4.1　(1)　$1-\dfrac{1}{2}x+\dfrac{3}{8}x^2-\dfrac{5}{16}x^3$　　(2)　$2x-\dfrac{4}{3}x^3+\dfrac{4}{15}x^5$　　(3)　$1-2x+4x^2-8x^3$

　　　(4)　$x+x^2+\dfrac{1}{2}x^3+\dfrac{1}{6}x^4$　　(5)　$x+x^2+\dfrac{1}{3}x^3$

4.2　(1)　$e+e(x-1)+\dfrac{e}{2}(x-1)^2+\dfrac{e}{6}(x-1)^3$　　(2)　$\sin 1+(x-1)\cos 1-\dfrac{1}{2}(x-1)^2\sin 1$

　　　(3)　$\cos 2-2(x-1)\sin 2-2(x-1)^2\cos 2$　　(4)　$\log 2+\dfrac{1}{2}(x-1)-\dfrac{1}{8}(x-1)^2+\dfrac{1}{24}(x-1)^3$

4.3　0.17365

4.4　3 次近似式は $1+\dfrac{x}{4}-\dfrac{3}{32}x^2+\dfrac{7}{128}x^3$, 近似値 1.0241

4.5　(1)　$x>0$ のとき, e^x のマクローリン展開の各項は正だから不等式が成立する.

　　　(2)　(1) より $e^x>\dfrac{x^2}{2}$ だから $0<\dfrac{x}{e^x}<\dfrac{2}{x}$. これと $\displaystyle\lim_{x\to\infty}\dfrac{2}{x}=0$ を用いよ.

4.6　(1)　$\dfrac{1}{2}+\dfrac{\sqrt{3}}{2}i$　　(2)　$-\dfrac{1}{\sqrt{2}}-\dfrac{1}{\sqrt{2}}i$　　(3)　$-1+\sqrt{3}i$　　(4)　$-e^2$　　(5)　$-\dfrac{1}{e}i$

4.7　オイラーの公式で x を $-x$ に置き換えてみよ.

4.8　72 ページの (4.9) を用いよ.

　　　(1)　e^x の 2 次近似式より $\dfrac{1}{2}$　　(2)　$\sin x$ の 3 次近似式より $-\dfrac{1}{6}$

　　　(3)　$\sqrt{1+x}$ の 2 次近似式より $-\dfrac{1}{8}$　　(4)　$\cos x$ の 4 次近似式より $\dfrac{1}{12}$

4.9　(1)　$e^z e^w=e^{z+w}$ が成り立つことを繰り返し用いよ.

　　　(2)　(1) の結果にオイラーの公式を適用せよ.

4.10　(1)　$e^{ax}\cos bx+ie^{ax}\sin bx$

　　　(2)　$e^{ax}(a\cos bx-b\sin bx)+ie^{ax}(a\sin bx+b\cos bx)$

　　　(3)　(2) の結果を $\alpha e^{\alpha x}=(a+bi)(e^{ax}\cos bx+ie^{ax}\sin bx)$ と比べよ.

5 章

問 **5.1**　(1)　$\dfrac{dx}{dt}=2x$　　(2)　$\dfrac{dx}{dt}$ を求め, (1) の微分方程式を満たすか確かめよ.

問 **5.2** $\dfrac{dx}{dt}, \dfrac{d^2x}{dt^2}$ を求め，微分方程式を満たすか確かめよ．

問 **5.3** (1) $\dfrac{d^2x}{dt^2} = -4x$ (2) $\dfrac{dx}{dt}, \dfrac{d^2x}{dt^2}$ を求め，(1) の微分方程式を満たすか確かめよ．

問 **5.4** (1) $x = -e^{2t-2}$ (2) $x = 3\sin t + 2\cos t$ (3) $x = 2e^{2t} + e^{-2t}$

問 **5.5** (1) $x = Ce^{t^2}$ (2) $x = \log(e^t + C)$ (3) $x = Ct$

問 **5.6** (1) $x = e^{-\frac{1}{2}t^2 - t}$ (2) $\sin x + \cos t = 1$

問 **5.7** (1) $x = -t + 4e^t - 2$ (2) $x = e^{2t} + 2e^t$

問 **5.8** $\dfrac{dx_1}{dt}, \dfrac{d^2x_1}{dt^2}$ および $\dfrac{dx_2}{dt}, \dfrac{d^2x_2}{dt^2}$ を求め，それらが微分方程式を満たすか確かめよ．

問 **5.9** (1) $x = C_1 e^{2t} + C_2 e^{3t}$ (2) $x = (C_1 t + C_2)e^{-3t}$ (3) $x = e^{2t}(C_1 \cos t + C_2 \sin t)$

　　　　(4) $x = C_1 e^{(1+\sqrt{2})t} + C_2 e^{(1-\sqrt{2})t}$ (5) $x = C_1 \cos 3t + C_2 \sin 3t$

　　　　(6) $x = C_1 e^{\sqrt{3}t} + C_2 e^{-\sqrt{3}t}$

問 **5.10** $x = 2te^{2t}$

問 **5.11** $\dfrac{1}{C} = \dfrac{1}{C_0} + kt$ $\left(C = \dfrac{C_0}{1 + kC_0 t} \right)$

章末問題 5

5.1 (1) $\dfrac{d^2x}{dt^2}$ を求め，微分方程式を満たすか確かめよ．   (2) $2\cos t - \sin t$

　　　(3) $-\sqrt{3}\cos t + \sin t$

5.2 (1) $x = \pm\sqrt{\dfrac{3}{C - 2t^3}}$ (2) $x = \dfrac{2}{C - \log|t|}$ (3) $x = C(t+1)^2 - \dfrac{1}{2}$

　　　(4) $x = Ce^{-t} + 2$ (5) $x = \log(C + t^3)$ (6) $x = C(t^2 + 1)$

5.3 (1) $x = Ce^{-t^2} + \dfrac{1}{2}$ (2) $x = \dfrac{C}{t} - \dfrac{t^3}{4} + \dfrac{t}{2}$ (3) $x = Ce^{-t^2} + \dfrac{1}{2}e^{-t^2}t^2$

　　　(4) $x = Ce^{-\frac{t^2}{2}} + 1$

5.4 (1) $x = C_1 e^{-3t} + C_2 e^{2t}$ (2) $x = C_1 e^{-t} + C_2 t e^{-t}$ (3) $x = C_1 e^t \sin t + C_2 e^t \cos t$

5.5 (1) $x = e^{3t}$ (2) $\tan x = t^2$ (3) $x = e^{-t} + e^{2t}$ (4) $x = \dfrac{(e^2 - 2)t + 2}{e^t}$

　　　(5) $x = \dfrac{3t + 10\,e^{-3t} - 1}{9}$ (6) $x = \dfrac{t^2}{4}$

5.6 (1) $\dfrac{dy}{dt} - y = -t$ (2) $x = \dfrac{1}{1 + t + Ce^t}$

5.7 (1) $\dfrac{1}{x(A-x)}$ を部分分解せよ． $x = \dfrac{CAe^{kAt}}{1 + Ce^{kAt}}$ (2) $x = \dfrac{x_0 A e^{kAt}}{(A - x_0) + x_0 e^{kAt}}$

　　　(3) $x = \dfrac{x_0 A}{(A - x_0)e^{-kAt} + x_0}$ と変形し，$\displaystyle\lim_{t\to\infty} e^{-kAt} = 0$ を用いよ．求める極限値は A

5.8 (1) $\dfrac{du}{dt} = \dfrac{1}{t} \cdot \dfrac{1 - u^2}{2u}$ (2) $t(u^2 - 1) = C$ となり，$u = \dfrac{x}{t}$ を代入して，$x^2 - t^2 = Ct$

6 章

問 6.1 $\overrightarrow{AB} = \overrightarrow{DC},\quad \overrightarrow{BA} = \overrightarrow{CD},\quad \overrightarrow{AD} = \overrightarrow{BC},\quad \overrightarrow{DA} = \overrightarrow{CB},$
$\overrightarrow{AM} = \overrightarrow{MC},\quad \overrightarrow{MA} = \overrightarrow{CM},\quad \overrightarrow{BM} = \overrightarrow{MD},\quad \overrightarrow{MB} = \overrightarrow{DM}$

問 6.2 (1) $9a + 17b$ (2) $-9a + 5b$

問 6.3 $\overrightarrow{OA} - 2\overrightarrow{OB} + \overrightarrow{OC}$

問 6.4 (1) $(6,\ -4)$, 大きさ $2\sqrt{13}$ (2) $(20,\ -11)$, 大きさ $\sqrt{521}$ (3) $\left(-\dfrac{1}{4},\ -\dfrac{3}{4}\right)$, 大きさ $\dfrac{\sqrt{10}}{4}$

問 6.5 (1) 26 (2) 0

問 6.6 98 ページの公式 6.4 を用いよ.

問 6.7 (1) $\theta = \dfrac{3\pi}{4}$ (2) $\theta = \pi$

問 6.8 (1) $\dfrac{1}{7}$ (2) $-\dfrac{2}{5}$

問 6.9 (1) $-\dfrac{2}{3}$ (2) $-2,\ 3$

問 6.10 R$(0,\ 4,\ 3)$

問 6.11 OP $= \sqrt{29}$

問 6.12 (1) $c = (8,\ -5,\ 0),\ |c| = \sqrt{89}$ (2) $d = (6,\ 5,\ 10),\ |d| = \sqrt{161}$
$a \cdot b = -7,\ c \cdot d = 23$

問 6.13 (1) $-\dfrac{1}{\sqrt{2}}$ (2) $\dfrac{\sqrt{3}}{2}$

問 6.14 (1) $x = 1 + 2t,\ y = 6t,\ z = 4 + 3t$ (2) $x = 2,\ y = 7 + t,\ z = 3 + t$
(3) $x = -1 + 7t,\ y = 3 - t,\ z = -2 + 4t$

問 6.15 (1) $2x + 6y + 3z - 14 = 0$ (2) $4y + 3z - 37 = 0$

問 6.16 (1) $\begin{pmatrix} 4 & 8 & 5 \\ 4 & 2 & 3 \end{pmatrix}$ (2) $\begin{pmatrix} 0 & -4 \\ 2 & -5 \\ 9 & -2 \end{pmatrix}$

問 6.17 (1) $\begin{pmatrix} 4 & -4 & 4 \\ 2 & 1 & 8 \end{pmatrix}$ (2) $\begin{pmatrix} -5 & -3 \\ -1 & 1 \\ 3 & 5 \end{pmatrix}$

問 6.18 (1) $\begin{pmatrix} 5 & -6 \\ -12 & -5 \\ 11 & 1 \end{pmatrix}$ (2) $\begin{pmatrix} -11 & 16 \\ 29 & 11 \\ -25 & -2 \end{pmatrix}$

問 6.19 (1) $\begin{pmatrix} 5 & 1 \\ 3 & -2 \end{pmatrix}$ (2) $\begin{pmatrix} 27 & 54 \\ -9 & 0 \end{pmatrix}$

問 6.20 (1) $\begin{pmatrix} -2 \\ -31 \end{pmatrix}$ (2) $\begin{pmatrix} 12 & 3 & 6 \\ -8 & -13 & 24 \end{pmatrix}$

問 6.21 (1) $\begin{pmatrix} 5 & -6 \\ 4 & -7 \end{pmatrix} \begin{pmatrix} x \\ y \end{pmatrix} = \begin{pmatrix} -1 \\ 2 \end{pmatrix}$ (2) $\begin{pmatrix} 1 & 2 & -1 \\ 3 & 4 & -2 \\ 4 & 1 & 5 \end{pmatrix} \begin{pmatrix} x \\ y \\ z \end{pmatrix} = \begin{pmatrix} 1 \\ 0 \\ -3 \end{pmatrix}$

問 6.22 (1) $A^2 = \begin{pmatrix} -5 & 0 \\ 0 & -5 \end{pmatrix}$, $A^3 = \begin{pmatrix} -5 & -15 \\ 10 & 5 \end{pmatrix}$, $A^4 = \begin{pmatrix} 25 & 0 \\ 0 & 25 \end{pmatrix}$

(2) $A^2 = \begin{pmatrix} -1 & 0 \\ 0 & -1 \end{pmatrix}$, $A^3 = \begin{pmatrix} 0 & -1 \\ 1 & 0 \end{pmatrix}$, $A^4 = \begin{pmatrix} 1 & 0 \\ 0 & 1 \end{pmatrix}$

問 6.23 (1) 正則, $A^{-1} = -\dfrac{1}{2}\begin{pmatrix} 4 & -2 \\ -3 & 1 \end{pmatrix}$ (2) 正則でない

(3) 正則, $A^{-1} = \begin{pmatrix} 1 & 0 \\ 0 & 1 \end{pmatrix}$

問 6.24 (1) $x = 4,\ y = -3$ (2) $x = \dfrac{1}{3},\ y = 2,\ z = -\dfrac{4}{3}$

問 6.25 (1) $x = 5,\ y = -9$ (2) $x = 4,\ y = -3$

問 6.26 (1) -9 (2) 0 (3) 55

問 6.27 $D_{21} = \begin{vmatrix} a_{12} & a_{13} \\ a_{32} & a_{33} \end{vmatrix}$, $D_{22} = \begin{vmatrix} a_{11} & a_{13} \\ a_{31} & a_{33} \end{vmatrix}$, $D_{23} = \begin{vmatrix} a_{11} & a_{12} \\ a_{31} & a_{32} \end{vmatrix}$

$D_{31} = \begin{vmatrix} a_{12} & a_{13} \\ a_{22} & a_{23} \end{vmatrix}$, $D_{32} = \begin{vmatrix} a_{11} & a_{13} \\ a_{21} & a_{23} \end{vmatrix}$, $D_{33} = \begin{vmatrix} a_{11} & a_{12} \\ a_{21} & a_{22} \end{vmatrix}$

問 6.28 (1) $\begin{vmatrix} 1 & -2 & 0 \\ 1 & -1 & 2 \\ -2 & 3 & -2 \end{vmatrix} = 0$ より正則でない.

(2) $\begin{vmatrix} 3 & -1 & 4 \\ -1 & 1 & 0 \\ 0 & 2 & 2 \end{vmatrix} = -4 \neq 0$ より正則であり, 逆行列は $\dfrac{1}{2}\begin{pmatrix} -1 & -5 & 2 \\ -1 & -3 & 2 \\ 1 & 3 & -1 \end{pmatrix}$

章末問題 6

6.1 (1) 成分表示 $(3,\ -3,\ 5)$, 大きさ $\sqrt{43}$ (2) 成分表示 $(0,\ 0,\ 1)$, 大きさ 1

6.2 (1) 内積 3, $\cos\theta = \dfrac{1}{2}$ (2) 内積 0, $\cos\theta = 0$

6.3 (1) $k = -1$ (2) $k = 4$

6.4 (1) $x = t + 2,\ y = -t + 1,\ z = 2t - 3$ (2) $x = 2t,\ y = -t + 5,\ z = 3t - 3$

6.5 (1) $3x - 2y + z - 9 = 0$ (2) $2x - 3y + 4z + 6 = 0$

6.6 (1) $\begin{pmatrix} -3 & 1 & 2 \\ 2 & 5 & -2 \\ -1 & 1 & 2 \end{pmatrix}$ (2) $\begin{pmatrix} 8 & -5 & -5 \\ -5 & -12 & 5 \\ 3 & -6 & -4 \end{pmatrix}$

6.7 (1) $\begin{pmatrix} 11 & -5 \end{pmatrix}$ (2) $\begin{pmatrix} 12 & -2 \\ -8 & -28 \\ 0 & -17 \end{pmatrix}$

6.8 (1) 正則でない (2) 正則, $A^{-1} = \begin{pmatrix} -6 & -5 \\ 5 & 4 \end{pmatrix}$ (3) 正則, $A^{-1} = \dfrac{1}{2}\begin{pmatrix} 1 & -1 \\ 0 & 2 \end{pmatrix}$

6.9 (1) $x = 9,\ y = 5$ (2) $x = -1,\ y = -2,\ z = -3$

6.10 (1) $x = -29,\ y = -18$ (2) $x = \dfrac{17}{2},\ y = -\dfrac{11}{2}$

6.11 (1) -1 (2) 31 (3) 2

6.12 $|AB| = (ax + bz)(cy + dw) - (cx + dz)(ay + bw)$ と $|A||B| = (ad - bc)(xw - yz)$ を比較せよ.

6.13 (1) $\begin{pmatrix} 2 & -3 & 0 \\ -2 & 4 & -3 \\ 1 & -2 & 2 \end{pmatrix}$ (2) $x = 3,\ y = 4,\ z = -3$

6.14 (1) $x = 6,\ y = -3,\ z = 2$ (2) $x = \dfrac{2}{3},\ y = -\dfrac{4}{3},\ z = 1$

7 章

問 7.1 (1) $z_x = 3x^2 - 10xy + 4y^2,\ z_y = -5x^2 + 8xy - 9y^2$ (2) $z_x = 3e^{3x+2y},\ z_y = 2e^{3x+2y}$

      (3) $z_x = 10x(x^2 + 2y^2)^4,\ z_y = 20y(x^2 + 2y^2)^4$

      (4) $z_x = 4y\cos(4x + y),\ z_y = \sin(4x + y) + y\cos(4x + y)$

問 7.2 (1) $z_x = 3x^2 - 8xy + y,\ z_y = -4x^2 + x + 6y,\ z_x(1,\ 1) = -4,\ z_y(1,\ 1) = 3$

      (2) $z_x = \dfrac{2x + 2y}{x^2 + 2xy + 3y^2},\ z_y = \dfrac{2x + 6y}{x^2 + 2xy + 3y^2},\ z_x(1,\ 1) = \dfrac{2}{3},\ z_y(1,\ 1) = \dfrac{4}{3}$

問 7.3 (1) $dz = (2xy - 3x^2)\,dx + (x^2 + 2y)\,dy$ (2) $dz = \dfrac{1}{2\sqrt{x + y^2}}\,dx + \dfrac{y}{\sqrt{x + y^2}}\,dy$

      (3) $dz = 3\cos(3x + y)\,dx + \cos(3x + y)\,dy$ (4) $dz = \dfrac{2x}{x^2 + y^2}\,dx + \dfrac{2y}{x^2 + y^2}\,dy$

問 7.4 $\Delta T \fallingdotseq \dfrac{k}{D^2}\,\Delta H - \dfrac{2kH}{D^3}\,\Delta D$ を用いよ.

問 7.5 $z' = -3z_x \sin 3t + 2z_y \cos 2t$

問 7.6 $z_u = 3z_x + z_y v,\ z_v = 2z_x + z_y u$

問 7.7 (1) $z_{xx} = 12x^2 + 8y^2,\ z_{xy} = z_{yx} = 16xy,\ z_{yy} = 8x^2 - 36y^2$

      (2) $z_{xx} = -9\sin 3x \cos 2y,\ z_{xy} = z_{yx} = -6\cos 3x \sin 2y,\ z_{yy} = -4\sin 3x \cos 2y$

      (3) $z_{xx} = \dfrac{-2x^2 + 2y^2}{(x^2 + y^2)^2},\ z_{xy} = z_{yx} = \dfrac{-4xy}{(x^2 + y^2)^2},\ z_{yy} = \dfrac{2x^2 - 2y^2}{(x^2 + y^2)^2}$

      (4) $z_{xx} = \dfrac{2y^2}{\sqrt{(x^2 + 2y^2)^3}},\ z_{xy} = z_{yx} = \dfrac{-2xy}{\sqrt{(x^2 + 2y^2)^3}},\ z_{yy} = \dfrac{2x^2}{\sqrt{(x^2 + 2y^2)^3}}$

問 7.8 (1) $z_{xxx} = 24x,\ z_{xxy} = z_{xyx} = z_{yxx} = 16y,\ z_{xyy} = z_{yxy} = z_{yyx} = 16x,\ z_{yyy} = -72y$

      (2) $z_{xxx} = -27\cos 3x \cos 2y,\ z_{xxy} = z_{xyx} = z_{yxx} = 18\sin 3x \sin 2y,$

          $z_{xyy} = z_{yxy} = z_{yyx} = -12\cos 3x \cos 2y,\ z_{yyy} = 8\sin 3x \sin 2y$

問 7.9 $z^{(3)} = h^2 \dfrac{dz_{xx}}{dt} + 2hk \dfrac{dz_{xy}}{dt} + k^2 \dfrac{dz_{yy}}{dt}$ として，例題 7.4 と同様に計算せよ.

問 7.10 (1) $1 - \dfrac{9}{2}x^2 - 6xy - 2y^2$ (2) $1 + (x - 1) + 2\left(y - \dfrac{\pi}{4}\right) + 2(x - 1)\left(y - \dfrac{\pi}{4}\right) + 2\left(y - \dfrac{\pi}{4}\right)^2$

問 7.11 (1) $(0,\ 0)$ (2) $(2,\ 1)$ (3) 積の微分公式を用いよ. $(-1,\ 0)$

      (4) $z_y = 4xy = 0$ より，$x = 0$ または $y = 0$ となることを用いよ. $(0,\ \pm\sqrt{2}),\ (1,\ 0)$

問 7.12 (1) 極値をとらない.   (2) $(2,\ 1)$ で極小値をとる.   (3) $(-1,\ 0)$ で極小値をとる.

      (4) $(1,\ 0)$ で極小値をとる. $(0,\ \sqrt{2}),\ (0,\ -\sqrt{2})$ では極値をとらない.

章末問題 7

7.1 (1) $z_x = -\dfrac{y}{x^2}$, $z_y = \dfrac{1}{x}$, $z_{xx} = \dfrac{2y}{x^3}$, $z_{xy} = -\dfrac{1}{x^2}$, $z_{yy} = 0$

(2) $z_x = 2e^{2x}\sin 3y$, $z_y = 3e^{2x}\cos 3y$, $z_{xx} = 4e^{2x}\sin 3y$, $z_{xy} = 6e^{2x}\cos 3y$, $z_{yy} = -9e^{2x}\sin 3y$

(3) $z_x = ye^{xy}$, $z_y = xe^{xy}$, $z_{xx} = y^2 e^{xy}$, $z_{xy} = (1+xy)e^{xy}$, $z_{yy} = x^2 e^{xy}$

(4) $z_x = 2x\sin xy + x^2 y\cos xy$, $z_y = x^3\cos xy$, $z_{xx} = (2 - x^2 y^2)\sin xy + 4xy\cos xy$,
$z_{xy} = 3x^2\cos xy - x^3 y\sin xy$, $z_{yy} = -x^4\sin xy$

7.2 (1) $dz = \dfrac{x}{\sqrt{x^2 - y^2}}dx - \dfrac{y}{\sqrt{x^2 - y^2}}dy$ (2) $dz = e^x\sin y\,dx + e^x\cos y\,dy$

(3) $dz = \dfrac{y}{\cos^2 xy}dx + \dfrac{x}{\cos^2 xy}dy$

7.3 (1) $z_u = z_x x_u + z_y y_u = z_x\cos\alpha + z_y\sin\alpha$, $z_v = z_x x_v + z_y y_v = -z_x\sin\alpha + z_y\cos\alpha$ を用いよ.

(2) $z_{uu} = z_{xx}\cos^2\alpha + 2z_{xy}\sin\alpha\cos\alpha + z_{yy}\sin^2\alpha$, $z_{vv} = z_{xx}\sin^2\alpha - 2z_{xy}\sin\alpha\cos\alpha + z_{yy}\cos^2\alpha$ を用いよ.

7.4 $z_x = f'\left(\dfrac{x}{y}\right)\dfrac{1}{y}$, $z_y = -f'\left(\dfrac{x}{y}\right)\dfrac{x}{y^2}$ を用いよ.

7.5 (1) (4, 1) で極小値 -17

(2) (1, 1) で極大値 4

(3) 極値をとり得る点は $(0,\ \sqrt{6})$, $(0,\ -\sqrt{6})$, $(2,\ 0)$, $(-2,\ 0)$ である.
(2, 0) で極小値 -16 をとる. $(-2,\ 0)$ で極大値 16 をとる.

(4) $z_x = 0$ より $y = x^2$ を導き, $z_y = 0$ に代入せよ. 極値をとり得る点は $(1,\ 1)$, $(0,\ 0)$ である.
(1, 1) で極大値をとる. (0, 0) では極値をとらない.

7.6 $f(a + \Delta x,\ b) = f(a,\ b) + A\Delta x + \varepsilon$ の両辺を Δx で割ってから, $\Delta x \to 0$ とせよ.

7.7 (1) $f_x(x,\ y) = 8x^3 - 6xy$, $f_y(x,\ y) = -3x^2 + 2y$ だから, (0, 0) は $f(x,\ y)$ の停留点

(2) 停留点での値は $f(0,\ 0) = 0$ だが, $y = x^2$ のとき常に $f(x,\ y) = 0$ だから, $f(x,\ y)$ は (0, 0) で極値をとらない.

7.8 (1) $w_x = 2x - y + 3z$, $w_y = 2y - x + z$, $w_z = -6z + y + 3x$

(2) $w_x = \cos(2y + z)$, $w_y = -2x\sin(2y + z)$, $w_z = -x\sin(2y + z)$

7.9 $\left(-\dfrac{6}{7},\ \dfrac{1}{7},\ -\dfrac{5}{7}\right)$

8章

問 8.1 (1) $\displaystyle\int_1^2\left\{\int_0^1 (y^2 - x^2)\,dx\right\}dy = 2$ (2) $\displaystyle\int_0^\pi\left\{\int_0^1 e^{2x}\sin y\,dx\right\}dy = e^2 - 1$

(3) $\displaystyle\int_0^{\frac{\pi}{2}}\left\{\int_0^{\frac{\pi}{2}}\sin(2x + y)\,dx\right\}dy = 1$

問 8.2 (1) $\displaystyle\int_1^2\left\{\int_{x^2}^{2x}\dfrac{y}{x}\,dy\right\}dx = \dfrac{9}{8}$ (2) $\displaystyle\int_0^\pi\left\{\int_{-x}^x\sin(x + y)\,dy\right\}dx = \pi$

問 8.3 (1) $\displaystyle\int_0^1\left\{\int_0^y x^2 y\,dx\right\}dy = \dfrac{1}{15}$ (2) $\displaystyle\int_0^2\left\{\int_{2y}^4 (2x + y)\,dx\right\}dy = 24$

問 8.4 A : $(\sqrt{2},\ \sqrt{2})$, $\left(2,\ \dfrac{\pi}{4}\right)$ B : $(0,\ 1)$, $\left(1,\ \dfrac{\pi}{2}\right)$ C : $(-2,\ 0)$, $(2,\ \pi)$

$$\mathrm{D}: \left(-\frac{1}{\sqrt{2}}, \ -\frac{1}{\sqrt{2}}\right), \ \left(1, \ \frac{5\pi}{4}\right) \quad \mathrm{E}: (0, \ -2), \ \left(2, \ \frac{3\pi}{2}\right)$$

問 8.5 (1) $r(\cos\theta + \sin\theta) = 1$ (2) $0 \leqq r \leqq 1, \ 0 \leqq \theta \leqq \pi$ (3) $z = r^2(1 + \cos\theta\sin\theta)$

問 8.6 (1) $D : 0 \leqq r \leqq 1, \ 0 \leqq \theta \leqq \pi$ より $\displaystyle\int_0^\pi \left\{\int_0^1 (r\cos\theta + r\sin\theta)r\,dr\right\}d\theta = \frac{2}{3}$

(2) 2 (3) $\dfrac{\pi}{2}$

問 8.7 (1) 2π (2) $\dfrac{2}{3}$

問 8.8 (1) $\displaystyle\int_0^{2\pi}\left\{\int_\varepsilon^2 \frac{1}{r}\cdot r\,dr\right\}d\theta = 2\pi(2-\varepsilon)$ (2) 4π

問 8.9 (1) $\dfrac{\sqrt{\pi}}{4}$ (2) $\sqrt{\pi}$

章末問題 8

8.1 (1) 0 (2) $\dfrac{1}{12}$ (3) $\dfrac{8}{3}$

8.2 (1) $\dfrac{32}{5}$ (2) $-\dfrac{16\sqrt{3}}{5}$ (3) $\dfrac{8}{7} - \dfrac{\sqrt{2}}{2}$

8.3 (1) $2\pi\log 2$ (2) $\pi\log 2$ (3) $\dfrac{8\pi}{3}$

8.4 (1) $x = r\cos\theta, \ y = r\sin\theta$ とおき，式を整理せよ．

(2) $0 \leqq r \leqq 2\cos\theta, \ -\dfrac{\pi}{2} \leqq \theta \leqq \dfrac{\pi}{2}$ (3) $\dfrac{32}{9}$

8.5 (1) $\dfrac{\pi}{3}$ (2) $-\pi$

8.6 (1) $\dfrac{x-\mu}{\sqrt{2}\sigma} = t$ と置換して，$\dfrac{1}{\sqrt{2}\sigma}dx = dt, \ -\infty < t < \infty$ であることを用いよ．

(2) (1) と同様に置換せよ．

補章

問 A.1 (1) 放物線 $y = x^2 - 8x + 15$ (2) 円 $(x-2)^2 + (y+1)^2 = 4$

問 A.2 (1) $\dfrac{dy}{dx} = 2t - 3$ (2) $\dfrac{dy}{dx} = \dfrac{t^2 - 1}{t^2 + 1}$

問 A.3 (1) 0 (2) $\dfrac{\pi}{4}$ (3) $-\dfrac{\pi}{3}$

問 A.4 (1) 0 (2) $\dfrac{\pi}{3}$ (3) $-\dfrac{\pi}{4}$ (4) $\dfrac{\pi}{3}$

問 A.5 (1) $\dfrac{1}{\sqrt{2x - x^2}}$ (2) $-\dfrac{1}{\sqrt{x - x^2}}$ (3) $\dfrac{2}{1 + 4x^2}$

問 A.6 (1) $\left(\arcsin\dfrac{x}{a}\right)' = \dfrac{1}{\sqrt{1 - \frac{x^2}{a^2}}}\cdot\dfrac{1}{a} = \dfrac{1}{\frac{1}{a}\sqrt{a^2 - x^2}}\cdot\dfrac{1}{a} = \dfrac{1}{\sqrt{a^2 - x^2}}$

(2) $\left(\dfrac{1}{a}\arctan\dfrac{x}{a}\right)' = \dfrac{1}{a}\cdot\dfrac{1}{1 + \frac{x^2}{a^2}}\cdot\dfrac{1}{a} = \dfrac{1}{x^2 + a^2}$

問 **A.7** (1) $\arcsin\dfrac{x}{2} + C$ (2) $\dfrac{1}{\sqrt{2}}\arctan\dfrac{x}{\sqrt{2}} + C$

問 **A.8** (1) $x\arcsin x + \sqrt{1 - x^2} + C$ (2) $x\arctan x - \dfrac{1}{2}\log(x^2 + 1) + C$

問 **A.9** $\dfrac{\pi - 2}{4}$

索　引

173

■編集委員長

入村達郎（いりむら　たつろう）

1971 年　東京大学薬学部薬学科卒業
1974 年　東京大学大学院薬学系研究科博士課程中退
現　在　東京大学名誉教授，薬学博士

■編　　者

本間　浩（ほんま　ひろし）

1977 年　東京大学薬学部薬学科卒業
1982 年　東京大学大学院薬学系研究科生命薬学専攻博士課程修了
現　在　北里大学教授，薬学博士

■著　　者

高遠節夫（たかとお　せつお）

1973 年　東京大学理学部数学科卒業
1975 年　東京教育大学大学院理学研究科数学専攻修士課程修了
現　在　東邦大学理学部訪問教授

伊藤真吾（いとう　しんご）

2001 年　東京理科大学理学部第一部数学科卒業
2009 年　東京理科大学大学院理学研究科博士課程修了
現　在　北里大学一般教育部教授，博士（理学）

金子真隆（かねこ　まさたか）

1991 年　東京大学理学部数学科卒業
1997 年　東京大学大学院数理科学研究科博士後期課程修了
現　在　東邦大学薬学部教授，博士（数理科学）

丹羽典朗（にわ　のりお）

1995 年　近畿大学理工学部数学物理学科卒業
2002 年　新潟大学大学院自然科学研究科情報理工学専攻博士後期課程修了
現　在　日本大学薬学部准教授，博士（理学）

Ⓒ　高遠節夫・伊藤真吾・金子真隆・丹羽典朗　2020

2010年12月15日　　初　版　発　行
2020年 4 月 6 日　　改 訂 版 発 行
2023年 2 月20日　　改訂版第 4 刷発行

薬学生のための基礎シリーズ 2

微　分　積　分

　　　　　　　高　遠　節　夫
　　　　　　　伊　藤　真　吾
著　者
　　　　　　　金　子　真　隆
　　　　　　　丹　羽　典　朗

発行者　山　本　　格

発行所　株式会社　培　風　館
東京都千代田区九段南 4-3-12・郵便番号 102-8260
電　話(03)3262-5256(代表)・振　替 00140-7-44725

D.T.P. アベリー ・ 平文社印刷・牧 製本

PRINTED IN JAPAN

ISBN 978-4-563-08560-5　C3341